J.-A. BONNEAU

Vérificateur des Poids et Mesures

SUR QUELQUES THÉORIES

DE LA BALANCE ROBERVAL

NIORT

G. CLOUZOT, LIBRAIRE-ÉDITEUR

22, rue Victor Hugo, 22

1905

SUR QUELQUES THÉORIES

DE LA BALANCE ROBERVAL

Pour paraître prochainement :

INSTRUMENTS DE PESAGE A LIBRE SUSPENSION.

Théorie générale.

J.-A. BONNEAU

Vérificateur des Poids et Mesures

SUR QUELQUES THÉORIES

DE LA BALANCE ROBERVAL

NIORT

G. CLOUZOT, LIBRAIRE-ÉDITEUR

22, rue Victor Hugo, 22

1909

AVERTISSEMENT

Dans un ouvrage récemment publié : *Une Polémique sur la balance de Roberval*, M. Lucciardi expose certaines assertions qu'il importe d'examiner.

Nous essaierons d'être bref et surtout d'éviter la manière de l'auteur de cette brochure : notre but n'est point d'entourer notre collègue d'une auréole particulière ; ni ses pointes, ni ses sourires ne sauront parvenir à trop nous émouvoir et à nous entraîner loin du terrain sur lequel devrait rester toute discussion scientifique.

ABRÉVIATIONS EMPLOYÉES

(Tr.) Traité sur la Balance, par J. S. Lucciardi.

(N.) Notes sur divers instruments de pesage, par
J. S. Lucciardi.

(Pol.) Une polémique sur la balance de Roberval, par
J. S. Lucciardi.

(I. S. A.) Instruments de pesage à systèmes articulés,
par J. A. Bonneau.

SUR QUELQUES THÉORIES
DE LA BALANCE ROBERVAL

RÉPONSE A M. LUCCIARDI

---

1. La méthode du Tr. ne peut être employée dans le cas général. — Nous avons dit (I. S. A., p. 162) : « La décomposition de la force verticale MP en *deux forces* passant par les points A et C de la tige AC est donc impossible lorsque cette tige est une oblique non située dans le plan de la force verticale passant par le centre de gravité de la charge, ce qui est le cas général, pour lequel une démonstration est surtout nécessaire ».

M. Lucciardi ne peut combattre notre critique qu'en oubliant son énoncé de statique (Tr., n° 79, p. 21) que nous nous permettons de reproduire. « Pour décomposer une force en deux autres dont les directions sont données, on construit le parallélogramme des forces en menant de l'extrémité de la résultante des parallèles aux directions données. *Le problème n'est possible qu'autant que ces directions sont dans le plan de la force* ».

D'après cela, il paraîtrait donc inutile de continuer la discussion ; M. Lucciardi ne peut s'y résoudre et écrit (Pol., p. 51) : « Nous avons montré (Tr., p. 71) que le système de

la Roberval pouvait être représenté par sa projection sur
un plan vertical perpendiculaire aux axes; de ces projections,
on peut en mener une infinité qui toutes seront égales à un
même trapèze dans les f. 24 et 29 *du Traité*. La démonstration de l'équilibre étant faite sur une de ces projections, elle
l'est aussi lorsque le centre de gravité est situé dans toute
autre projection du système ».

C'est la méthode descriptive de M. Lucciardi.

Elle indique, en effet, que le système de la Roberval
peut être représenté sur tout plan vertical perpendiculaire
aux axes ; mais, la démonstration de l'équilibre étant faite
lorsque les forces sont situées dans un de ces plans verti-
caux, on ne peut pas en conclure, directement, que l'équilibre
existera lorsque les forces seront transportées parallèlement
à leur direction dans un autre plan vertical, car la translation
de ces forces donne naissance à des couples et il faut montrer
comment est détruite l'action de ces couples: Voir (I. S. A.,
pp. 30 et 31).

M. Lucciardi ne parviendra pas à faire admettre sa
méthode descriptive comme une nouvelle *opération élémentaire*.

Notre collègue dit ensuite: « Conséquemment, si dans le
cas de l'article 173 la force P est en dehors du plan vertical
de la tige AC, il suffit de concevoir un plan vertical mené
par MP, perpendiculairement aux six axes de la balance,
pour que la proposition 172 soit démontrée dans tous les cas
que l'on peut considérer à l'article 173 ».

Nous répondons : lorsque ce plan sera mené, il ne
passera pas par les points A et C du plan d'oscillation considéré ; la méthode de décomposition des forces ne pourra
donc être employée.

Dire, comme M. Lucciardi : « On voit donc que le *Traité*
contient, au moins implicitement, la solution rigoureuse du
problème de l'équilibre », c'est presque reconnaître le bien
fondé de notre critique.

Cependant, M. Lucciardi veut démontrer que *même si le centre de gravité de la charge est situé en dehors du plan verti- cal contenant l'oblique AC, la décomposition en deux forces verticales agissant aux deux extrémités de cette oblique est possible.*

Après avoir décomposé la force M_1P (fig. 1) en deux forces verticales et de sens contraire, l'une positive F appliquée en C_1 et l'autre négative G appliquée en A, M. Lucciardi doit,

Fig. 1

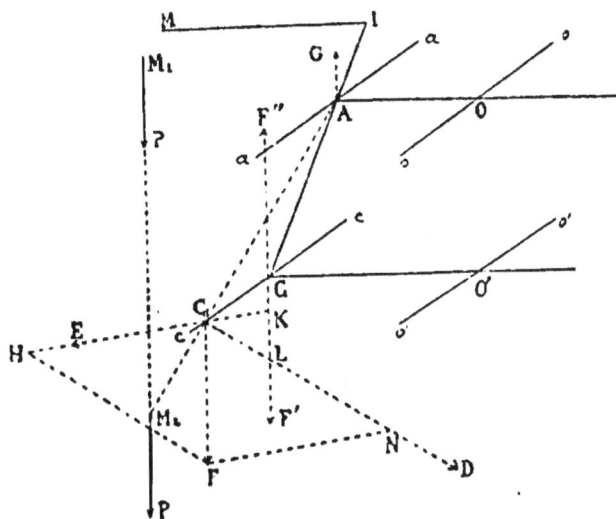

pour respecter le principe de la décomposition des forces, décomposer la force F en deux forces parallèles dans le plan FC_1C de l'axe C_1 C passant l'une par le point C et l'autre par un point arbitrairement choisi sur l'axe C_1 C. La force verti- cale passant par le point C est indéterminée et il n'est pas possible à M. Lucciardi d'invoquer la proposition 170 du *Traité*. M. Lucciardi ne peut donc faire sa démonstration par la méthode de décomposition des forces et il est obligé de *transporter* la force F du point C, au point C, pour appliquer ensuite la proposition 170.

M. Lucciardi n'est pas mieux inspiré lorsqu'il décompose la force F en deux forces ayant respectivement les directions C_iK et C_iL. Il y aura toujours deux forces, l'une $KE = CH$ appliquée en K et l'autre $LD = C_iN$ appliquée en L, non situées dans le plan d'oscillation O'CAO, qu'il faudra transporter en C, et la méthode de décomposition ne peut encore être employée seule.

Du reste, si la décomposition de la force P en deux forces verticales, F' appliquée en C et G appliquée en A, est réalisable, en cherchant la résultante des deux composantes F' et G, on doit trouver pour cette résultante la force P. La résultante de deux forces parallèles et de sens contraires leur est parallèle, est égale à leur différence, de même sens que la plus grande, *située dans le plan des forces* et au delà de la plus grande par rapport à la plus petite, ses distances aux deux composantes sont en raison inverse de l'intensité de ces forces.

La résultante des forces F' et G sera donc dans le plan de ces deux forces contenant l'oblique AC et ne pourra, par suite, être la force P située en dehors du plan vertical contenant l'oblique AC.

Nous pouvons démontrer par la même méthode que : *la décomposition de la force verticale MP en deux forces MA, MC passant par les points A et C d'une tige oblique est impossible lorsque cette tige AC et la verticale MP ne sont pas dans le même plan.*

Si cette décomposition était possible, MP serait la résultante des deux forces composantes dirigées suivant MA et MC. Or, cette résultante ne peut être située que dans le plan MAC contenant la droite AC ; la verticale MP n'étant pas située dans le même plan que l'oblique AC n'est pas contenue dans le plan MAC et ne peut être la résultante de deux forces dirigées suivant MA et MC.

On voit donc que M. Lucciardi n'a pas infirmé, comme il le prétend, notre première critique. Il reste prouvé que la méthode du *Traité sur la balance* ne permet pas une étude suffisante de l'équilibre de la balance Roberval, puisqu'elle est inapplicable dans le cas général.

Notre collègue eût bien fait de le reconnaître sans restriction et de ne pas produire des démonstrations étrangères à la théorie de la composition et de la décomposition des forces.

∴

Lorsque la force agissant en C est connue, il est évident que l'on doit obtenir le même résultat, soit par la décomposition des forces, soit par l'artifice employé par Poinsot ; mais c'est précisément cette force agissant en C qui, dans le cas général, ne peut être déterminée par la décomposition de la force MP.

2. La proposition 170 (Tr.). — La méthode employée par M. Lucciardi pour démontrer sa proposition 170 est assez singulière. En s'appuyant comme il l'a fait sur

Fig. 2

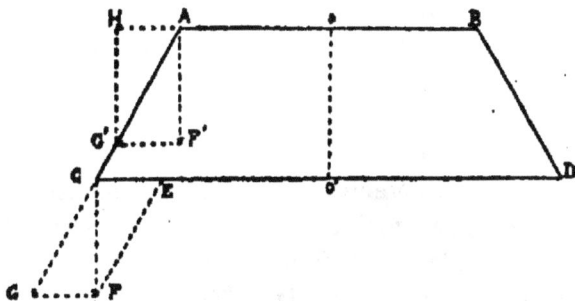

les propositions 168 et 169 du Tr., il ferait croire qu'il a précisément cherché à dissimuler le couple dont il parle maintenant. La décomposition de la force F, appliquée au point C, donne (fig. 2) une force CG et une force CE dirigée suivant CO'; la force CG transportée suivant sa direction en AG' peut ensuite être décomposée au point A en une force verticale AF' et une force AH sur le prolongement de la droite OA. On peut démontrer que CE = AH et AF' = CF. Le résultat de ces décompositions est donc : une force verticale AF' = CF et un couple. Les forces CE et AH de ce couple sont détruites si elles sont dirigées suivant des points fixes, comme dans le cas considéré.

Le lecteur cherchera en vain dans la démonstration du n° 170 (*Tr.*) et sur la figure 27 qui s'y rapporte, le couple annoncé par M. Lucciardi (Pol., p. 53).

Ce couple ne figure pas davantage quand il doit en résulter une erreur de pesée, c'est-à-dire quand les directions du fléau et du contre-fléau ne sont pas parallèles.

3. Un plagiat et une énormité d'après M. Lucciardi.

— M. Lucciardi nous accuse en divers endroits de sa Polémique d'avoir, dans notre première démonstration, copié sa démonstration de la proposition 170 que nous venons précisément de critiquer. Or, dans le système visé par notre première démonstration, le bras de fléau n'existe pas ; il n'y a du reste, aucune tige le remplaçant (fig. 3) ; dans la proposition 170, on considère le parallélisme de deux tiges : le bras de fléau et le contre-fléau, appelés leviers de la Roberval.

M. Lucciardi croit-il donc que le lecteur ne saura pas reconnaître combien différentes sont ces deux démonstrations ?

Notre collègue signale ensuite (Pol., p. 49) « cette énormité qui, à l'aide de la figure 27 du *Traité* s'exprimerait ainsi : le segment G'F' représente la *différence* qui existe entre l'action de la force oblique AG' et la force verticale AF' directement appliquée au point A « en d'autres termes, le côté d'un triangle rectangle représenterait la différence entre l'hypoténuse et l'autre côté !... » (fig. 2).

Voici notre réponse.

Soient deux grandeurs de même espèce; si on reproduit l'une d'elles en ajoutant à l'autre une troisième grandeur de même espèce, on dit que cette troisième grandeur est la différence des deux autres.

Or, en ajoutant à l'action sur le point A de la force verticale AV l'action de la force représentée par le segment AT, on obtient sur le point A la même action que celle produite sur ce point par la force AS (fig. 3).

Au point de vue de l'action des forces, où est donc l'énormité signalée par notre collègue ?

Fig. 3

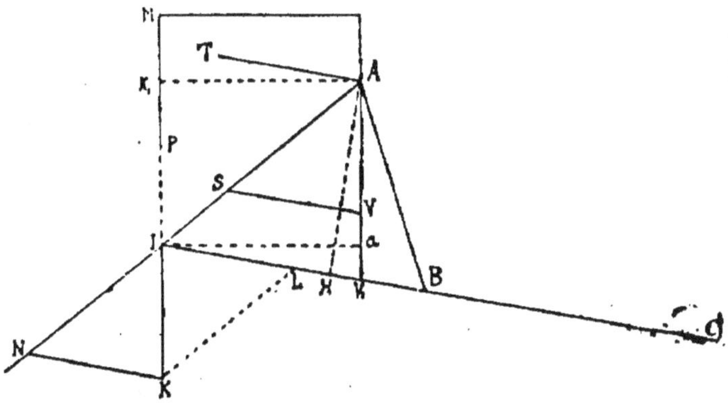

Passons maintenant à la représentation géométrique de ce résultat.

On appelle *vecteur* une portion de droite déterminée par ses deux points extrêmes. On énonce d'abord le premier point appelé origine du vecteur, puis le second appelé extrémité du vecteur.

Deux vecteurs sont égaux, par définition, quand ils ont même direction, même sens et même longueur, mais sans avoir nécessairement le même point d'application. On n'altère donc pas un vecteur en le transportant parallèlement à lui-même.

Soient deux vecteurs AV et AT (fig. 3) d'origine com-
mune A ; si par l'extrémité V du vecteur AV, on mène un
vecteur VS égal géométriquement au vecteur AT et si l'on
joint ensuite le point A au point S, on dit que AS est la
résultante ou la somme géométrique de AV et AT, ou de
AV et VS. On a $(AS) = (AV) + (VS)$

d'où

$$(VS) = (AS) - (AV) ;$$

VS est la différence géométrique de AS et AV.

Dans le cas d'un triangle rectangle, un côté de l'angle
droit est la *différence géométrique* entre l'hypoténuse et
l'autre côté : *l'énormité* signalée n'est due qu'à l'interprétation, peu scientifique, de M. Lucciardi qui paraît ignorer la
partie la plus élémentaire de la théorie des vecteurs.

4. Machine et mécanisme ; oscillation. — Une
machine est un ensemble de corps matériels résistants sou-
mis à des liaisons mutuelles dont les uns sont fixes et les
autres, susceptibles de mouvement, sont destinés à trans-
former l'action des forces ou à produire un mouvement
déterminé.

Si l'on considère le même ensemble sans tenir compte
des forces, on a un mécanisme. Le même mécanisme peut
donner lieu à des machines différentes suivant les relations
établies entre les forces qu'on peut lui appliquer.

L'étude de la déformation angulaire d'un quadrilatère
articulé dont les tiges sont invariables constitue l'étude d'un
mécanisme : elle est indépendante des forces qui peuvent
agir sur le système.

Mais lorsque, par exemple, les tiges mobiles d'un quadrilatère articulé vertical sont munies de couteaux pour
recevoir l'action des charges, on peut par des dispositions
convenables obtenir une balance et l'étude de l'équilibre ou
de l'oscillation de cette balance est faite sous l'action des
forces. Au paragraphe *oscillation* (N., pp. 10 à 26),

M. Lucciardi ne fait jamais intervenir l'action des forces ; il croit toujours cependant qu'ayant fait l'étude cinématique du mécanisme d'une balance, il a en même temps donné la théorie de l'oscillation de cette balance.

Contrairement à ce que dit M. Lucciardi (Pol., p. 54), nous avons pris pour base de notre étude des balances Roberval un fléau comprenant un bras de fléau à libre suspension et un bras de fléau faisant partie d'un quadrilatère articulé dont le mouvement est libre.

5. Angle de convergence et erreur de pesée. — Le quadrilatère articulé étant donné dans une position initiale quelconque est déterminé dans toute autre position, lorsque l'on connaît l'angle dont a varié le bras de fléau. La parallèle au contre-fléau menée par l'axe de charge du bras de fléau articulé détermine l'angle de convergence. Pour avoir le signe de l'erreur, nous n'avons donc pas à rechercher si la convergence est à droite ou à gauche de la figure, mais si, du côté où agit la charge par rapport au plan vertical de l'axe de charge, la parallèle à la direction du contre-fléau est au-dessus ou au-dessous de la direction du bras de fléau. Le signe de l'erreur étant ainsi connu, la valeur absolue de l'erreur est donnée par la formule générale.

$$\iota = \frac{Pe \sin \delta}{h \cos \alpha}$$

L'utilité pratique d'une formule générale est toujours supérieure à celle des diverses formules résultant des cas particuliers les plus judicieusement choisis, puisqu'elle renferme non seulement ces cas particuliers mais tous ceux qui peuvent se présenter.

Voici comment cette formule montre le sens des variations d'effort de la charge suivant sa position sur le plateau. Nous avons pris pour origine l'axe de charge. Pour toute charge dont le centre de gravité est sur la verticale passant par cet axe, $e = o$ et la variation est nulle ; lorsque le centre de gravité de la charge est transporté à gauche puis à droite de cette verticale la variation est de signe contraire et, ainsi que l'indique la formule, proportionnelle à l'excentration. L'erreur varie donc d'une manière continue, en passant par zéro, lorsque l'on transporte la charge mobile suivant la direction du fléau.

. Nous avons fait remarquer que la ligne de contact du contre-fléau et de la tige de bout peut varier lorsque la charge change de côté par rapport au plan vertical passant par l'axe de charge, et que la ligne d'appui du contre-fléau sur l'axe central peut elle-même varier lorsque le moment de cette charge mobile devient supérieur et de signe contraire à celui de la charge fixe. L'on obtient, dans chacun de ces cas, une nouvelle balance dans laquelle l'angle de convergence du fléau et du contre-fléau change généralement de valeur pour la position normale d'équilibre.

Ces différents cas, qui ont cependant leur importance, ne sont même pas visés par M. Lucciardi dans sa discussion sur la variation d'effort de la charge.

6. La formule de sensibilité du (Tr.). — Pour réfuter notre critique de la formule de sensibilité du *Traité sur la balance*, M. Lucciardi se retranche derrière un parallélogramme articulé où le jeu des articulations est tellement réduit qu'il devient négligeable. Il est évident que nous avons voulu considérer le cas général d'un quadrilatère articulé et reprocher à notre collègue d'avoir évité l'étude des divers cas résultant de l'inégalité dans les longueurs du bras du fléau et de la moitié correspondante du contre-fléau. Pourquoi revenir au cas théorique du parallélogramme quand il s'agit de la sensibilité, lorsque dans les articles précédents, où il s'agissait de la justesse, l'on a considéré un quadrilatère articulé ?

LES CRITIQUES DE M. LUCCIARDI

7. Pol. 47. — Nous avons déjà montré (p. 4) ce que valent, au point de vue de la statique, le raisonnement exposé (Tr. p. 71) et la démonstration descriptive de M. Lucciardi.

Notre collègue désire connaître (Pol., p. 60) quelles sont les droites qui doivent joindre les charnières *aa* et *cc* (fig. 1) et en quels points de ces charnières elles doivent s'articuler. Voici :

Par construction, les axes fixes ou mobiles sont horizontaux et parallèles ; ils restent parallèles pendant le mouvement du système. Donc, si dans la tige matérielle nous marquons plusieurs points de contact avec la charnière *aa* et si nous les joignons par des droites à des points de cette même tige matérielle en contact avec la charnière *cc*, la figure ainsi obtenue est conservée pendant le mouvement du système et toutes les droites conservent leurs longueurs ainsi que leurs positions relatives. Il n'importe donc pas, dans le cas des systèmes articulés plans, de savoir quelles sont les droites qui doivent joindre les charnières et en quels points de ces charnières elles doivent s'articuler : toute tige rigide ou droite matérielle perpendiculaire aux deux charnières fixe la distance de ces charnières et, parmi ces droites, nous indiquons sur la figure celle qui se trouve dans le plan d'oscillation adopté.

8. Pol. 48. — La classification des instruments de pesage peut comprendre : 1° les instruments de pesage à libre suspension, 2° ceux à systèmes articulés et 3° les instruments de pesage réunissant les deux systèmes précédents ; de même qu'il y a des instruments de pesage à

rapport fixe, à rapport variable et des instruments possédant
les deux genres de rapport.

9. Pol. 49. — Dans notre étude trigonométrique de la
déformation angulaire du quadrilatère articulé, une trans-
position des lettres a et c nous fait poser $a + b = c + d + 2 \varepsilon$
au lieu de $c + b = a + d + 2 \varepsilon$. Le lecteur voudra
bien reconnaître qu'en considérant cette dernière égalité,
les formules sont exactes ainsi que les déductions qui en
sont tirées.

10. Pol. 50. — L'oscillation d'une balance se constate
par sa rotation de part et d'autre de sa position d'équilibre.
Le moment de rotation autour d'un axe figure dans tous
les traités de mécanique et conduit à la définition que nous
avons donnée du moment d'oscillation. Nous avons cru que
cette définition pourrait être acceptée par suite de la simplifi-
cation qu'elle apporte dans la discussion des conditions
d'oscillation des instruments de pesage.

Les conditions d'oscillation que nous donnons (I. S. A.,
p. 36) sont générales et concernent les instruments de pesage
à libre suspension et les instruments de pesage à systèmes
articulés.

La condition d'oscillation énoncée par M. Lucciardi :
« Pour que le fléau soit oscillant, il faut que le moment de
la résultante des forces qui le sollicitent par rapport au plan
horizontal mené par l'axe d'oscillation soit positif » n'est
exacte que pour les instruments à libre suspension ; elle
résulte de la théorie des forces parallèles et elle est vraie quelle
que soit l'inclinaison du fléau. Elle ne peut être employée
pour les instruments de pesage à systèmes articulés, lorsque
l'on considère des forces de tirage, qui ne sont pas parallèles
aux forces verticales ; on ne doit donc pas, dans ce cas,
s'appuyer sur la théorie des moments des forces par rapport
à un plan.

L'instrument de pesage à systèmes articulés peut osciller sous une inclinaison donnée et ne plus être oscillant si on l'incline davantage. Ce fait ne se produit pas avec les instruments de pesage à libre suspension. Au point de vue de l'oscillation, il y a donc entre ces deux catégories d'instruments de pesage une différence caractéristique qu'il importait de signaler. Nous regrettons de n'avoir pas réussi à le faire comprendre à M. Lucciardi.

11. Pol. 51. — D'après Poinsot, le paradoxe statique provient de ce que l'on considère la machine de Roberval comme un véritable levier ; c'est-à-dire un corps ou une verge raide mobile autour d'un seul point fixe. Nous avons dit que, dans ce cas, l'on pourrait également voir un paradoxe d'oscillation ; on ne peut pas le trouver dans l'exemple donné par notre collègue d'une balance à chaînes folle avec des charges si basses, parce qu'il ne s'agit plus d'une charge considérée comme faisant partie d'un corps ou d'une verge raide, mais d'une charge mobile autour d'un axe fixe dans cette verge et situé au-dessus du plan horizontal passant par l'axe central d'oscillation.

12. Pol. 52. — Nous avons déterminé (I. S. A. n°s 10 et 11) tous les avantages des balances à parallélogramme articulé ; mais peut-on s'arrêter, dans l'étude des balances Roberval, au cas théorique du parallélogramme articulé ?

La pratique de ces balances montre, par les faits observés relativement à la justesse, à l'oscillation et à la sensibilité, que l'on ne se trouve presque jamais, même en vérification première, en présence d'instruments possédant ces dispositions théoriques.

Dès lors, il devient utile et nécessaire d'étudier le cas général d'un fléau brisé dont l'un des bras fait partie d'un quadrilatère articulé. M. Lucciardi s'empresse d'oublier ce que nous avons dit sur le parallélogramme articulé et de

déclarer que nous préconisons l'abaissement des axes extrêmes du fléau et l'altération des tiges du parallélogramme.

Puis, ne tenant également aucun compte de ce que nous
avons écrit au début de l'art. 32, il cite comme modèle de
construction ce qui est présenté comme un système altéré
par l'usure devant être étudié sous diverses inclinaisons et,
pour diminuer le nombre déjà grand des opérations nécessaires et mieux faire ressortir la variation des diverses
quantités indiquées par la théorie, déterminé de telle sorte
que le bras de fléau et le contre-fléau soient parallèles dans
la position normale d'équilibre.

Ce n'est pas une figure géométrique qui peut, pour une
position inclinée du système, indiquer avec une exactitude
suffisante, par exemple, l'angle δ formé par les directions du
bras de fléau et du contre-fléau, la distance h de l'axe de
charge au contre-fléau, la force de tirage, la variation angulaire de la pièce de bout et la variation de l'excentration.

Nous avons dû généralement pousser très loin les calculs,
ce qui nous vaut de spirituelles plaisanteries de notre collègue : pour la variation de l'excentration, par exemple, nous
ne pouvions pourtant pas arrêter ces calculs aux dixièmes
de millimètre puisque nous ne parvenons qu'à une différence de $0^{mm}0001$; pour la même variation angulaire de la
pièce de bout, on peut donc dire, qu'en appliquant la théorie
exposée, la variation de l'excentration pourra être considérée
comme une quantité négligeable quelle que soit la position
du centre de gravité de la charge. C'est un résultat qui a son
importance dans la discussion, qui fixe les idées et nous
n'avons pas à regretter la longueur des calculs qui nous y
ont conduit.

Il n'y a pas lieu, au contraire, d'avoir une grande appro-
ximation lorsque, désirant faire figurer dans l'exemple
choisi l'angle du bras de fléau avec l'horizontale, nous avons
voulu simplement éviter de nous placer dans des conditions
où le fléau n'aurait pas sa sensibilité réglementaire. Nous

avons calculé à l'aide d'une formule approchée ce que devait être l'abaissement maximum des axes de charge. Nous avons obtenu une valeur de $0^{mm}9$; dans cette quantité doit figurer la flexion. La valeur de la flexion a été également calculée pour la forme du fléau la plus simple; nous avons obtenu une flexion maximum de $0^{mm}144$ qui, retranchée de $0^{mm}9$ donne $0^{mm}756$ pour la distance de la ligne des axes de suspension à l'axe d'oscillation. Au lieu de cette distance nous prenons la quantité $0^{mm}25$, plus de trois fois plus petite. L'emploi d'une formule approchée est donc justifié dans les calculs préliminaires de l'art. 32.

Dans nos formules, $l = OA$ représente toujours la longueur du bras de fléau, que ce fléau soit rectiligne ou brisé. M. Lucciardi se trompe donc lorsqu'il dit que l représente le bras de levier de la charge à l'équilibre normal comme dans la notation de son Traité sur la balance. Dans le cas d'un fléau brisé, le seul à considérer puisque dans la position d'équilibre normal d'un fléau rectiligne, le bras de fléau égale le bras de levier, nous n'avons jamais désigné par la lettre l la demi longueur du fléau qui ne représenterait pas, comme le bras de fléau, la tige OA du quadrilatère articulé étudié dans la position d'équilibre normal et dans la position d'équilibre incliné.

Dans la formule de résistance (page 70) nous disons : *dans cette formule, l représente la demi-longueur du fléau* ; c'est aussi pour nous la longueur du bras de fléau ; ce qui nous permet de désigner par v la demi-hauteur de la section rectangulaire de ce bras de fléau. La poutre est droite, des raisons de symétrie indiquent un fléau rectiligne ; M. Lucciardi veut en faire un fléau brisé : le lecteur sait pourquoi.

Pages 71 et 74 la longueur l n'est même pas indiquée. Le lecteur peut reconnaître que toutes les formules de la partie théorique (chapitres I, II et III) ont été obtenues sans qu'il soit parlé du bras de levier du fléau dans la position

d'équilibre normal, et qu'il est spécifié (I. S. A., p. 57) que OA = *l* dans les formules considérées.

Ce que vous faites là, confrère, n'est-ce point ce que vous appelez *semer de l'ivraie dans le champ du voisin.*

13. Pol. 53. — M. Lucciardi fait observer que nous n'avons pas considéré un solide d'égale résistance. Il n'y avait pas lieu dans la circonstance puisque nous ne voulions pas déterminer la forme du fléau la plus avantageuse, mais la flexion sous charge maximum. Le solide d'égale résistance trouvera sa place à la suite d'une *Théorie générale des instruments de pesage à libre suspension* annoncée prématurément, il est vrai, mais que nous espérons faire paraître très prochainement afin que l'on ne puisse croire à la mystification dont parle notre collègue.

14. Pol. 56, 57. — Aux n°ˢ 56 et 57 de la Polémique, M. Lucciardi s'exerce encore à *semer de l'ivraie.* Il découvre, perdu entre les moments d'oscillation et les paradoxes, l'étonnant passage que voici : « La flexion, en abaissant la ligne des axes de suspension au-dessous de l'axe d'oscillation proportionnellement à la charge, rend la balance, oscillante à zéro, oscillante quelle que soit la charge ; par suite de son élasticité le fléau redevient rectiligne à zéro ».

M. Lucciardi dit qu'il est faux de conclure que la stabilité est constante par le seul fait que l'oscillation est obtenue à vide ; ce qu'il s'empresse de démontrer en choisissant un fléau dont les axes extrêmes sont plus élevés que l'axe d'oscillation. Or, le passage critiqué se rapporte à notre article 36 dont le titre indique que nous considérons exclusivement un fléau rectiligne. Le lecteur appréciera, comme elles le méritent, les critiques et les conclusions de M. Lucciardi et reconnaîtra que le problème présenté n'a pas sa raison d'être lorsqu'il s'agit d'un fléau rectiligne.

Examinons néanmoins le problème de notre collègue.

« Il faut d'abord admettre, dit M. Lucciardi, que le fléau n'a point la forme prismatique que lui donne notre confrère, mais qu'il se rapproche sensiblement du solide d'égale résistance ; dans cette hypothèse, la quantité de matière abaissée par la flexion n'est fournie que par les légers renflements dans lesquels sont logés les couteaux extrêmes et qui ont aussi pour but d'offrir une résistance aux efforts de la charge ; cette quantité est négligeable en sorte que le produit $\pi\,d$ peut être considéré comme constant... »

Dans l'hypothèse présentée, M. Lucciardi doit calculer la flexion de son solide d'égale résistance, qui peut différer de celle que nous avons donnée, et il ne lui suffit pas de montrer qu'il sait résoudre et discuter une équation du second degré à une inconnue.

Nous lirons, du reste, avec beaucoup d'intérêt, dans les travaux annoncés par la préface des *Notes*, l'article de M. Lucciardi contenant la détermination du solide d'égale résistance tel que *la quantité de matière abaissée par la flexion n'est fournie que par les légers renflements dans lesquels sont logés les couteaux extrêmes !*

Le solide d'égale résistance de M. Lucciardi ferait époque dans les annales des mathématiques.

15. — Pol. 60. — Nous avons déjà dit (p. 16) que le fléau à bras égaux comprenant un bras de fléau à système articulé et un bras de fléau à libre suspension et figurant au chapitre IV (I. S. A.) est présenté comme instrument de démonstration ; nous ne l'avons jamais préconisé comme modèle de construction. La comparaison faite au n° 60 de la *Polémique* est donc inutile et, d'après ce que nous avons écrit (I. S. A., p. 72), il est évident que M. Lucciardi n'avait pas à nous convaincre.

16. — Pol. 61. — Erreur commise dans le calcul numérique du moment d'oscillation. — Le calcul du moment d'oscillation doit être fait d'après la formule 5 (I. S. A.), dans laquelle q a une valeur donnée (I. S. A., p. 58) :

$$q = B + \frac{C}{2} (1 - tg\, \text{x}\, tg\, \beta).$$

Pour avoir le moment d'oscillation du système, il faut au moment d'oscillation $2 (P + q) l \sin \text{x} \sin \omega + F d \sin \omega$ d'un fléau ordinaire dont chaque axe supporte à vide le poids q et à la charge P un poids $P + q$, ajouter le moment dû à la diminution du poids du contre-fléau sur l'axe B transportée sur l'axe A et retrancher, dans le cas considéré, le moment dû aux forces de tirage.

On a pour le poids du fléau supporté par l'axe B dans la position normale d'équilibre :

$$\frac{C}{2} (1 - tg\, \text{x}\, tg\, \beta) = 120 \left(1 - \frac{0,25}{240} \cdot \frac{1}{119,75}\right) = 0^{kg}119999$$

soit $0^{kg}120$ à un milligramme près.

On a obtenu pour la diminution du poids du contre-fléau supporté par l'axe B dans la position inclinée $0^{kg}0001$ (I. S. A., p. 78).

On a donc :

moment d'oscillation du fléau ordinaire :

$$\left[2\,(20^{kg} + 0^{kg}5 + 0^{kg}12)\, 0,25 + (0^{kg}5 \times 1)\right] \frac{1}{10} = \quad 1.081$$

moment dû à la diminution du poids du contre-fléau sur l'axe de charge :

$0^{kg}0001 \times 240 \cos. 21'494 =$ .... <u>0,024</u>

somme de ces deux moments : 1,105

A retrancher le moment des forces de tirage : .... <u>0,549</u>

Le moment d'oscillation du système est égal à : .. 0,556

L'erreur signalée par M. Lucciardi se rapporte à la moitié environ du poids du contre-fléau que nous n'avons pas fait figurer dans le calcul du moment d'oscillation du fléau ordinaire ; ce qui rend ce moment trop faible de $0,240 \times 0,25 \times 0,1 = 0,006$. Si l'on recherche quelles sont les conséquences de cette erreur, il se trouve que, dans les cas considérés, nos conclusions relatives à l'oscillation ne sont pas modifiées. Il aurait pu en être autrement et nous nous serions empressé de faire les rectifications nécessaires.

La vérification d'après le principe des travaux virtuels n'a porté que sur le moment des forces de tirage ; elle ne pouvait donc pas montrer une erreur qui n'existe que dans le calcul du moment d'oscillation du fléau ordinaire.

Quant à la formule (5) du moment d'oscillation, elle est exacte ainsi que nous le démontrons plus loin (p. 22 à 26) ; ce n'est pas une erreur commise dans l'application d'une formule qui peut prouver l'inexactitude de cette formule.

17. — Pol. 61. — Le fléau Roberval de M. Lucciardi.

— M. Lucciardi nous demande de l'aider à tirer de l'ostracisme et de l'oubli son fléau Roberval. Nous répondrons d'autant plus volontiers à son appel que ce fléau-Roberval rentre dans la catégorie des balances Roberval à contre-fléaux indépendants et à axes d'arrêt fixes dont nous préconisons la construction.

La théorie du fléau Roberval de M. Lucciardi se déduit facilement de notre théorie obtenue en considérant le système plus simple que nous avons adopté pour notre étude. Le mouvement des deux quadrilatères articulés du fléau Roberval de M. Lucciardi est libre ; si la direction du bras de fléau et celle du contre-fléau sont parallèles dans la position normale d'équilibre, l'équilibre est indépendant de la position de la charge sur le plateau du système articulé. La flexion n'altère que fort peu le parallélisme de ces tiges dans la position normale d'équilibre, et l'erreur de pesée est négligeable, contrairement à ce qui existe avec la balance Roberval actuelle ; le parallélisme du bras de fléau et du contre-fléau sera maintenu pendant l'oscillation si l'on a pu obtenir deux parallélogrammes articulés. Ces conditions théoriques étant fort difficilement réalisées, nous avons, dans le cas général, à considérer du même côté de l'axe central deux quadrilatères articulés indépendants l'un de l'autre ; seul le bras de fléau est commun et, dans la construction, la longueur des trois autres tiges peut différer pour les deux systèmes, faiblement, il est vrai, mais suffisamment pour que l'on puisse obtenir dans chaque système les conditions de justesse et de sensibilité réglementaires, sans altérer la dimension des tiges dans l'autre système reconnu exact ; c'est ce qui constitue la facilité de construction et de réglage et la possibilité d'obtenir un fléau Roberval juste, sensible et oscillant.

Les avantages résultant de cette facilité de construction sont présentés par toutes les balances Roberval à contre-fléaux indépendants et à axes d'arrêt fixes, notamment par la balance Roberval à plateaux supérieurs indiquée (I. S. A., p. 143), que nous désirerions voir remplacer les balances Roberval actuelles.

18. — Formule de sensibilité. — Examinons maintenant les critiques adressées par M. Lucciardi à notre formule de sensibilité de la balance Roberval usuelle.

Pol. 62. 1°. — Nous ferons d'abord observer que nous ne renonçons pas à connaître la valeur φ de l'inclinaison du fléau ; nous considérons, au contraire, φ comme une quantité donnée ; l représente le bras de fléau et la première erreur signalée par M. Lucciardi n'existe pas : $l\cos(\alpha + \varphi)$ et $l\cos(\varphi - \alpha)$ sont bien pour la position inclinée, les valeurs respectives des bras de leviers de l'axe abaissé et de l'axe élevé.

Notre collègue écrit : « M. Bonneau oublie d'autre part que, par suite du décroisement des axes du fléau, toutes les actions verticales qui s'exercent sur ces axes contribuent à augmenter la dureté de l'instrument ».

Nous avons démontré que les erreurs de pesée résultant de l'excentration des charges et de la convergence du bras de fléau et du contre-fléau peuvent augmenter la sensibilité.

M. Lucciardi dit ensuite : « Ainsi, le fraction du poids du contre-fléau supportée par chaque fenêtre et les erreurs engendrées par les forces de tirage devraient être ajoutées dans les moments considérés, à la charge P, comme le poids q de la jumelle ».

« Ces erreurs se retrouvent dans tous les moments d'oscillation qui garnissent la nouvelle brochure et qui sont généralement écrits sans démonstration. Afin de les rendre plus évidentes, nous allons suppléer au manque de précision de l'auteur en établissant l'équation d'équilibre avec ses propres données ».

Après quelques simplifications, M. Lucciardi arrive à la formule :

$$ p = \frac{[2\,(P + q)\,l \sin \alpha + F\,d]\sin \gamma}{l \cos (\alpha + \gamma)} - \left(\frac{P\,e}{h} + \frac{P\,e'}{h'} \right) \frac{\sin \delta}{\cos (\alpha + \gamma)} $$

et dit : « C'est donc cette formule, ou une formule identique, que, dans les mêmes hypothèses, la démonstration doit nous permettre de retrouver ». Nous allons montrer d'abord que la fraction du poids du contre-fléau supportée par chaque fenêtre figure dans la formule précédente avec le même coefficient que la charge et la bielle.

Dans le fléau à bras égaux que nous avons étudié, (I. S. A., p. 37) q représente le poids du plateau et de ses accessoires, librement suspendu à l'axe A' ; la charge supportée par l'axe A du système articulé comprend 1° le poids B du système dont font partie la bielle, les croisillons et le plateau ; 2° la portion du poids du contre-fléau supportée par l'extrémité inférieure de la bielle. D'après la position que nous avons donnée au centre de gravité du contre-fléau, on a pour l'équation d'équilibre dans la position normale et à vide :

$$ q\,l \cos \alpha = \left[B + \frac{C}{2}\,(1 - tg\,\alpha\,tg\,\beta) \right] \cdot \cos \alpha $$

d'où

$$q = B + \frac{C}{2}(1 + tg\,\alpha\,tg\,\beta)$$

c'est la formule (10).

Sur l'axe de charge du bras de fléau articulé, le poids q du plateau et des accessoires comprend donc : le plateau, les croisillons, la bielle et la partie du poids du contre-fléau supportée par l'extrémité inférieure de la bielle.

En conservant pour la balance Roberval usuelle, la notation déjà employée, on a $B + \frac{C}{2}$ pour exprimer le poids supporté par chacun des axes de charge puisque le contre-fléau est supposé symétrique par rapport à la section verticale passant par son centre de gravité ; et en disant que, sur chacun des axes des bras de fléau articulés, q représente le plateau et ses accessoires, nous entendons dire que q représente, comme précédemment, le plateau, les croisillons, la bielle et la portion du contre-fléau supportée par l'extrémité de la bielle ; on a donc $q = B + \frac{C}{2}$ et la fraction du poids du contre-fléau supportée par chaque fenêtre figure dans la formule avec le même coefficient que la charge et la bielle.

Nous allons démontrer maintenant que, dans la formule ci-dessus, les erreurs engendrées par les forces de tirage ne doivent pas être ajoutées, dans les moments considérés, à la force $P + q$ pour y figurer avec le même coefficient.

Faisons la démonstration en suivant la méthode adoptée par M. Lucciardi. Les actions verticales s'exerçant sur l'axe incliné sont P, q, p et l'erreur positive ε due à l'excentration de P ; elles agissent avec un bras de levier $l\cos(\alpha + \varphi)$.

Les actions verticales s'exerçant sur l'axe élevé sont P, q et l'erreur négative ε' due à l'excentration de P ; elles ont pour bras de levier $l\cos(\varphi - \alpha)$.

Enfin le poids F du fléau, transporté à droite de la verticale du point fixe O agit avec un bras de levier égal à $d\sin\varphi$.

On a donc l'équation d'équilibre :

$$(P + q + \iota + p)\, l \cos(\alpha + \varphi) - F\, d \sin\varphi - (P + q - \iota')\, l \cos(\varphi - \alpha) = 0$$

En ayant soin de développer $\cos(\alpha + \varphi)$ et $\cos(\varphi - \alpha)$ seulement pour les termes P et q susceptibles d'être mis en facteur commun, on obtient :

$$p\, l \cos(\alpha + \varphi) = \left[2(P + q)\, l \sin\alpha + F\, d\right] \sin\varphi - \iota\, l \cos(\alpha + \varphi) - \iota'\, l \cos(\varphi - \alpha)$$

ou

$$p = \frac{\left[2(P + q)\, l \sin\alpha + F\, d\right] \sin\varphi}{l \cos(\alpha + \varphi)} - \iota - \frac{\iota' \cos(\varphi - \alpha),}{\cos(\alpha + \varphi)} ;$$

or, on a

$$\iota = \frac{P\, e}{h}\, \frac{\sin\delta}{\cos(\alpha + \varphi)}$$

et

$$\iota' = \frac{P\, e'}{h'}\, \frac{\sin\delta}{\cos(\varphi - \alpha)}$$

d'où

$$\frac{\iota' \cos(\varphi - \alpha)}{\cos(\alpha + \varphi)} = \frac{P\, e'}{h'}\, \frac{\sin\delta}{\cos(\alpha + \varphi)}$$

et

$$p = \frac{\left[2(P + q)\, l \sin\alpha + F\, d\right] \sin\varphi}{l \cos(\alpha + \varphi)} - \left(\frac{P\, e}{h} + \frac{P\, e'}{h'}\right) \frac{\sin\delta}{\cos(\alpha + \varphi)}$$

C'est la formule annoncée que nous retrouvons et M. Lucciardi, en voulant suppléer à notre prétendu manque de précision, a commis les erreurs suivantes : 1° lorsque nous avons appelé ι_1 l'erreur de posée due à la force de tirage T_1, nous avons posé (I. S. A., p. 108).

$$\iota_1 = \frac{\mathfrak{C}_1 \sin\delta}{\cos(\varphi + \alpha)}$$

d'où

$$\iota_1 = \frac{\mathfrak{C}_1\, l \sin\delta}{l \cos(\varphi + \alpha)} ;$$

ι_1 exprimant ainsi une force verticale agissant sur le même axe de suspension que la surcharge p et ayant pour

bras de levier $l \cos (? + x)$. M. Lucciardi appelle ϵ' l'erreur
négative due à l'excentration de la charge P, s'exerçant
sur l'axe élevé et ayant $l \cos (? - x)$ pour bras de levier.
On doit donc écrire $\epsilon_i\, l \cos (? + x) = \epsilon'\, l \cos (? - x)$ d'où :

$$\epsilon' = \frac{\epsilon_i \cos (? + x)}{\cos (? - x)}$$ tandis que M. Lucciardi considère la

quantité ϵ' comme égale à ϵ_i.

2° En ce qui concerne les forces de tirage, M. Lucciardi
n'a pas compris qu'ayant à considérer des moments par
rapport à l'axe d'oscillation, il est rationnel de conserver les
moments déjà connus et inutile de décomposer chaque
force de tirage en une force dirigée suivant le bras de fléau
et de moment nul et une force verticale agissant sur l'axe
de charge; le moment $T_i\, l$? ? de la force de tirage T_i,
par exemple, est égal au moment $\epsilon_i\, l \cos (? + x)$ de l'erreur
de pesée ϵ_i, et, puisque nous écrivons dans l'équation les
moments $T_i\, l \sin \delta$ et $T_i\, l \sin \delta$, il ne faut pas ajouter à la
charge P les erreurs de pesée engendrées par les forces de
tirage, comme le prétend M. Lucciardi.

L'équation d'équilibre se présente naturellement telle
que nous l'avons donnée et elle n'exige aucune démonstration préalable ; elle n'est donc point fantaisiste et la formule
qui en est tirée est exacte. Pour prouver le contraire,
M. Lucciardi a modifié la signification que nous avons
attribuée aux lettres l et q; les erreurs contenues dans sa
démonstration ont achevé une besogne pour laquelle peu
d'éloges sont à décerner.

Pol. 62, 2°. — En général, le mouvement de la
balance Roberval ordinaire n'est pas libre sous charges
excentrées, car le système ne peut présenter constamment
un parallélogramme de chaque côté des axes fixes. Nous
autorisant de ce que M. Lucciardi a écrit dans ses *Notes*
(p. 26) : « Cependant, grâce au jeu laissé entre les axes du
contre-fléau, et si les bras des deux leviers n'ont qu'une

légère différence, ces systèmes peuvent, en réalité, se mouvoir dans des limites suffisantes et, dès lors, les propositions que nous (M. Lucciardi) avons démontrées, comme celles que nous démontrerons plus loin, ne perdent rien de leur force probante », nous avons cru, sans mériter, de ce fait, les critiques de M. Lucciardi, pouvoir donner une formule de sensibilité répondant aux conditions indiquées dans ses *Notes*.

Nous avons même montré que le mouvement pouvait avoir lieu grâce à la variation de longueur d'une des tiges de bout, le côté OO' restant constant pendant l'oscillation : cette condition permet de déterminer le mouvement de la balance Roberval et d'en établir les formules d'équilibre, d'oscillation et de sensibilité. Nous l'avons choisie précisément pour éviter les causes d'indétermination qui se présentent lorsque l'axe central du contre-fléau est déplacé sur son arrêt. Dans ce dernier cas, les formules donnent évidemment des résultats peu précis, et il en est ainsi des explications que l'on peut fournir ; *seules, les propositions démontrées par M. Lucciardi ne perdent rien de leur force probante,* (N. p. 26). C'est une qualité qui leur est toute spéciale le lecteur voudra bien le reconnaître.

(La formule de sensibilité donnée (I. S. A. p. 43) se rapporte à un système dont le mouvement est libre, et il n'existe aucune cause d'indétermination).

Pol. 62. 3°. — Nous avons montré (p. 24, 25, 26) que, loin d'avoir péremptoirement établi l'inexactitude de notre formule, M. Lucciardi *a commis quelques erreurs dans sa démonstration.*

D'un autre côté, nous n'avons jamais dit que le frottement détruit le 1/60 de la sensibilité ; lorsque la sensibilité passe de $\frac{1}{15}$ à $\frac{1}{20}$ la diminution est de $\frac{1}{60}$; or on a $\frac{1}{60} : \frac{1}{15} = \frac{1}{4}$ et le frottement doit, dans ces conditions, être considéré comme enlevant le quart de la sensibilité et non le $\frac{1}{60}$, comme le dit notre collègue.

M. Lucciardi n'avait pas demandé de faire figurer la flexion dans la formule ; ce qui, du reste, est possible sans allongement considérable de cette formule.

Pol. 62. 4°. — M. Lucciardi prétend que, faute de pouvoir isoler P, α et φ, la discussion par rapport à ces quantités est impossible.

L'équilibre normal du fléau ayant d'abord lieu sous l'inclinaison α des bras du fléau au-dessous du plan horizontal passant par l'axe d'appui, on a pour l'équation d'équilibre sous l'inclinaison φ + α et l'addition du poids p :

$$p \, l \cos (\varphi + \alpha) = [2 (P + q) \, l \sin \alpha + F \, d] \sin \varphi$$

L'angle φ étant donné, il vient :

$$p = \frac{\left[2 (P + q) \sin \alpha + \dfrac{F \, d}{l} \right] \sin \varphi}{\cos (\varphi + \alpha)}$$

La sensibilité est d'autant plus grande que p est plus petit.

Or, p est d'autant plus petit que F est plus petit, d plus petit, l plus grand et α plus petit ; dans ce dernier cas, en effet, le dénominateur cos (φ + α) où φ est donné est d'autant plus grand que α est plus petit et le numérateur sin α d'autant plus petit que α est plus petit ; $\dfrac{\sin \alpha}{\cos (\varphi + \alpha)}$ étant positif et d'autant plus petit que α est plus petit, la sensibilité augmente quand P diminue.

La sensibilité du fléau étant ainsi connue, l'on reconnaît facilement, d'après la valeur de p, comment cette sensibilité peut être augmentée ou diminuée : 1° par le poids du contre-fléau et la position de son centre de gravité ; 2° par la somme algébrique des erreurs provenant des forces de tirage.

Nous remplaçons ainsi la discussion par de l'arithmé-tique, dit M. Lucciardi ; ne peut-on pas discuter en arithmé-tique ?

Pour les lecteurs qui trouveront préférable de discuter une formule dans laquelle la sensibilité augmente comme le second membre d'une égalité, nous écrirons :

$$\frac{1}{p} = \frac{\cos(\gamma + \alpha)}{\left[2(P+q)\sin\alpha + \frac{Fd}{l}\right]\sin\gamma}$$

pour la formule interprétative de la sensibilité du fléau ordinaire ;

$$\frac{1}{p} = \frac{\cos(\gamma + \alpha)}{\left[2(P+q)\sin\alpha + \frac{Fd}{l}\right]\sin\gamma + \frac{Cd_1}{l'}\sin\theta\cos(\gamma + \alpha) - (\sigma_1 + \sigma_4)\sin\delta_1}$$

pour celle d'une balance Roberval et la position P_1 P_4 des charges ;

$$\frac{1}{p} = \frac{\cos(\gamma + \alpha)}{\left[2(P+q)\sin\alpha + \frac{Fd}{l}\right]\sin\gamma - \left(\frac{Pe_1}{h_1} + \frac{Pe_4}{h_4}\right)\sin\delta_1}$$

pour celle d'une balance Roberval dans le cas considéré pages 23 à 26.

19. — Pol. 63. — Nous n'avons point à discuter ici certai-nes appréciations de M. Lucciardi sur le principe des travaux virtuels, mais nous lui ferons remarquer que, à l'article 31 (I. S. A.), nous avons déterminé les conditions d'équilibre, d'oscillation et de sensibilité, en tenant compte de toutes les forces verticales agissantes. Aucune erreur n'y est intro-duite et la concordance des résultats obtenus, avec ceux donnés par les autres méthodes, a été établie.

Notre collègue y trouvera, par exemple, déter-minée par le principe des travaux virtuels, la relation

$$q = B + \frac{C}{2}(1 - tg\,\alpha\,tg\,\beta)$$ rappelée pages 20 et 24.

20. — Pol. 64. — Dans sa discussion sur la définition de la sensibilité, M. Lucciardi cherche d'abord à créer une équivoque.

La surcharge p n'est autre chose que la variation ΔM de la charge M et nous n'avons jamais écrit le terme Δp. Ce n'est pas la variation Δp de la surcharge qui figure dans l'équation d'équilibre sous l'inclinaison $\Delta \varphi$, mais la variation $\Delta M = p$, c'est donc le rapport $\frac{\Delta \varphi}{\Delta M}$ qui peut être considéré ; et cependant :

« Quelle étrange erreur, dit M. Lucciardi, de faire correspondre à l'accroissement $\Delta \varphi$ de la fonction, un accroissement ΔM de la charge, au lieu de l'accroissement Δp de la variable ».

Puis, lorsque nous disons que le rapport $\frac{d \varphi}{d M}$ définit et mesure la sensibilité de la balance, pour la charge considérée M, et que, par conséquent, la sensibilité est la dérivée de l'angle par rapport à la masse considérée, M. Lucciardi trouve cette définition stupéfiante et destinée à prendre date dans les annales des mathématiques.

Nous serions heureux d'être le premier à donner cette définition ; mais elle nous a été enseignée par différents auteurs dont la compétence en mathématiques est incontestable ; elle est classique et ce n'est pas, croyons-nous, l'opinion de M. Lucciardi qui la fera disparaître de l'enseignement.

21. — Pol. 65. — Toujours désireux d'apprendre, nous ne refusons aucun maître et nous allons maintenant suivre attentivement la leçon d'analyse de M. Lucciardi et la comparer à ce qui a déjà pu nous être enseigné.

« La dérivée d'un angle φ par rapport à une variable p n'a de signification, dit M. Lucciardi, et par suite ne peut être écrite que lorsque l'amplitude même de l'angle est liée à la variable par une relation de la forme $\varphi = f(p)$ ».

Nous répondons : La relation entre les deux variables

peut exister sans que l'équation soit résolue par rapport à l'une ou à l'autre des variables. On a alors une fonction implicite, dont on peut prendre la dérivée par rapport à l'une ou à l'autre de ces variables ; cela se trouve au début du calcul différentiel.

M. Lucciardi dit ensuite : « Ici, on ne connaît l'amplitude que parce qu'elle est déduite de la tangente ; ce n'est donc point l'angle qui est fonction de la surcharge, mais la tangente et bien que celle-ci soit appelée fonction trigonométrique de l'angle, on sait qu'elle est égale au rapport de deux droites sans que la valeur angulaire intervienne dans le calcul » ; nous ajouterons : si ce n'est comme résultat de l'opération effectuée.

Il nous faut montrer à M. Lucciardi comment la variation de l'angle se présente dans la formule de sensibilité, même lorsque l'équation d'équilibre est exprimée par une fonction trigonométrique de l'angle.

Prenons pour exemple le peson.

Si nous appelons l le bras de fléau, π le poids du levier, R la distance de son centre de gravité à l'axe d'oscillation et si, à vide, le plan des axes du bras de fléau est horizontal, une charge P sera en équilibre sous une rotation φ du système telle que l'on ait :

$$tg\,\varphi = \frac{P\,l}{\pi\,R}\;;$$

les seules variables sont φ et P.

Prenons la dérivée par rapport à P ; il vient :

$$\frac{1}{\cos^2\varphi}\frac{d\,\varphi}{d\,P} = \frac{l}{\pi\,R}$$

d'où

$$\frac{d\,\varphi}{d\,P} = \frac{l\,\cos^2\varphi}{\pi\,R}\;;$$

ou encore, en différentiant par rapport à chacune des variables

$$d \, tg \, \varphi = \frac{l}{\pi R} \, dP \, ;$$

$$\text{mais } d \, tg \, \varphi = \frac{1}{\cos^2 \varphi} \, d\varphi \, ; \text{ d'où}$$

$$\frac{1}{\cos^2 \varphi} \, d\varphi = \frac{l}{\pi R} \, dP$$

et

$$\frac{d\varphi}{dP} = \frac{l \cos^2 \varphi}{\pi R},$$

comme précédemment.

M. Lucciardi voudra bien se rappeler que, pour des angles très petits, le sinus, l'arc et la tangente ont des valeurs fort voisines ; que l'on peut remplacer ces quantités l'une par l'autre sans erreur sensible, et qu'enfin, pour un angle infiniment petit $d\varphi$, on a $tg \, d\varphi = d\varphi$.

M. Lucciardi comprendra maintenant pourquoi la dérivée de l'angle se présente dans la formule de sensibilité, même lorsque l'équation d'équilibre est exprimée par la valeur de la tangente de cet angle.

Avec les instruments de pesage construits théoriquement pour donner la relation $\varphi = f(P)$, on a $\frac{d\varphi}{dP} = f'(P)$. Par exemple, pour $\varphi = aP$, on a $\frac{d\varphi}{dP} = a$; la sensibilité est constante et la définition de la sensibilité s'applique encore à ce cas. La définition de la sensibilité n'aurait pas une des qualités exigées de toute définition, si elle ne se rapportait pas aux cas les plus simples.

On voit, par ce court exposé, que les débuts de M. Lucciardi comme professeur d'analyse ne sont pas brillants ; peut-être trouvera-t-on néanmoins qu'il a parfaitement prouvé la proposition énoncée avec tant de délicatesse en tête de sa leçon d'analyse : « il en est du savoir comme de l'esprit, celui qu'on veut montrer gâte celui qu'on a ».

22. — Pol. 37. — Notre professeur devait évidemment examiner la méthode que nous avons suivie ; M. Lucciardi nous reproche de vouloir, dès notre entrée en matière, rechercher si les systèmes articulés peuvent être utilisés dans les instruments de pesage. En procédant ainsi, nous avons pu étudier d'abord l'action d'une charge sur un système plan vertical comprenant seulement deux tiges articulées l'une à l'autre, considérer ensuite un bras de fléau faisant partie d'un quadrilatère articulé plan et parvenir à cette première déduction : Pour qu'un poids placé sur une partie quelconque du plateau produise, dans la position normale d'équilibre, le même effet que s'il était librement suspendu à l'axe extrême du fléau, il faut et il suffit que les tiges du fléau et du contre-fléau soient parallèles ; ou, en considérant le plan des axes, que le plan formé par les axes du bras du fléau et le plan des axes du contre-fléau soient parallèles.

Après avoir donné la formule de l'erreur de pesée dans le cas général, nous avons étudié, sur un système articulé ayant toute sa liberté de mouvement pour la course qui lui est assignée, l'équation d'équilibre dans une position inclinée ; ce qui nous a conduit à une formule d'oscillation et à une formule de sensibilité bien différentes, par suite de l'action des forces de tirage, de celles obtenues pour les instruments de pesage à libre suspension. Puis, considérant le bras de fléau à quadrilatère articulé comme un système simple dont la théorie conduit à celle de toutes les balances Roberval, nous avons appliqué cette théorie à l'étude 1° de la balance Roberval usuelle à un seul contre-fléau, 2° de la balance Roberval à contre-fléaux indépendants et à axes d'arrêt fixes et, comme conséquence pratique, nous avons montré combien le second système est préférable au premier.

M. Lucciardi trouve cet ordre peu logique ; nous n'entreprendrons point de lui faire admettre le contraire. Le lecteur a pu voir toutefois combien, dans le champ que M. Lucciardi prétend avoir exploré, il restait à glaner; et nous ne pensons pas qu'il ne reste rien à récolter après nous.

23. — **Pol. 37.** — Puisque notre collègue s'est empressé, avant tout exposé, de déclarer notre ouvrage dépourvu de toute valeur didactique, il nous sera bien permis, après réfutation de tout ce qu'il a écrit contre la théorie et les formules que nous avons données, de rappeler ce qu'enseigne M. Lucciardi au sujet de la balance Roberval. Nous trouvons, pour ne citer que quelques exemples :

1° La décomposition d'une force verticale en deux forces passant par les extrémités d'une oblique non située dans le même plan que la verticale (*Tr.*, p. 79). Voir (I. S. A., p. 162);

2° La démonstration descriptive de l'action d'une force, donnée comme opération élémentaire (Pol., p. 51) (p. 4) ;

3° Si le centre de gravité de la charge est situé en dehors du plan vertical contenant l'oblique, la décomposition en deux forces verticales agissant aux deux extrémités de cette oblique est possible (Pol., pp. 51 et 52) (p. 5) ;

4° L'interprétation des grandeurs géométriques (Pol., p. 49) (pp. 9 et 10) ;

5° L'étude de la liberté du mouvement des quadrilatères articulés de la balance Roberval, considérée comme étude de l'oscillation de cette balance (N., pp. 10 à 28) (pp. 10 et 11).

6° Dans le cas du solide d'égale résistance, la quantité de matière abaissée par la flexion n'est fournie que par les légers renflements dans lesquels sont logés les couteaux extrêmes (Pol., p. 71) (p. 19) ;

7° La définition suivante de la sensibilité est stupéfiante et destinée à prendre place dans les annales des mathématiques : La sensibilité est la dérivée de l'angle par rapport à la masse considérée (Pol., p. 87) (p. 30) ;

8° La dérivée d'un angle φ par rapport à une variable p n'a de signification et, par suite, ne peut être écrite que lorsque l'amplitude même de l'angle est liée à la variable par une relation de la forme $\varphi = f(p)$ (Pol., p. 87) (pp. 30 et 31).

Nous ne jugeons pas ces propositions ou interprétations susceptibles d'élever le niveau des connaissances scientifiques des vérificateurs des poids et mesures.

En les signalant au lecteur, dans notre réponse à *une polémique sur la balance de Roberval,* nous ne croyons pas, cette fois encore, manquer de justice et de loyauté envers un collègue et nous osons espérer que M. Lucciardi, changeant de plume et d'encre, pourra désormais discuter sans passion, avec le seul souci de parvenir dans l'intérêt de tous à la connaissance et à une meilleure expression de la vérité.

RÉPONSE A M. ANGER

————

Nous nous proposons d'examiner les critiques de M. Anger sur notre théorie du fléau à quadrilatère articulé et de la balance Roberval et de compléter les objections que nous avons présentées sur la *Monographie de la balance Roberval* de cet auteur (1).

24. — MO. 28. — Une prétendue contradiction. — Après un début trop élogieux pour notre théorie et pour nous-même, M. Anger fait justement remarquer que les connaissances mathématiques, si étendues qu'elles soient, ne sont pas tout. « Pou résoudre le problème de la Robervale, il faut encore et surtout, dit M. Anger, voir les choses telles qu'elles sont dans la réalité et tenir compte de tous les faits qui intéressent la question, sinon, tout en raisonnant juste, on arrive nécessairement à des conclusions incomplètes, erronées ou douteuses, et c'est, à notre humble avis, ce qui est arrivé à M. Bonneau. »

Sous la forme d'un humble avis, M. Anger sait lancer le trait à un collègue ; sans préambule, il déclare que nous n'avons pas su observer.

———

(1) ABRÉVIATIONS EMPLOYÉES DANS L'OUVRAGE

M. Monographie de la balance Roberval par J. M. ANGER.
C. Une controverse sur la balance Roberval   Id.
MC. La Monographie de la B. Roberval devant la critique par J. M. ANGER.

Voyons les reproches que nous adresse M. Anger et ce que vaut son humble avis.

Dès sa Préface, M. Anger dit que nous lui avons reproché, et ce serait là notre objection fondamentale, d'avoir considéré la bielle (contre-fléau) comme un levier. Or, dans notre critique de la *Monographie* (I. S. A., pp. 163 à 168) nous n'avons pas écrit un seul mot sur ce sujet. Nous considé-rerons, dans une position quelconque d'équilibre, le contre-fléau comme un levier, lorsque des forces verticales ou obliques pourront agir sur cette tige et s'y équilibrer d'après les principes du levier. Nous examinerons plus loin quelles forces M. Anger applique à ce levier et comment il démontre l'équilibre de ces forces (n° 34).

M. Anger commet une erreur lorsqu'il dit (M. C., p. 34) que dans la détermination du moment d'oscillation nous, faisons intervenir le moment du poids C du contre-fléau par rapport à son axe fixe, comme le moment du poids F du fléau par rapport à son axe fixe. Le terme

$$\frac{C \, d_1 \sin (\omega + \delta)}{l'} \, l \cos (\omega + z)$$

auquel il fait allusion ne représente pas le moment du poids C du contre-fléau par rapport à son axe fixe.

Le facteur $\dfrac{C \, d_1 \sin (\omega + \delta)}{l'}$ représente l'augmentation de la partie du poids du contre fléau supportée dans la position inclinée par l'articulation B, sur celle supportée dans la position normale. C'est une force verticale qui, transportée au point de suspension A du fléau, a pour bras de levier la longueur $l \cos (\omega + z)$, et le moment $\dfrac{C \, d_1 \sin (\omega + \delta)}{l'} \, l \cos (\omega + z)$ se rapporte à l'axe fixe du fléau et non à l'axe fixe du contre-fléau.

La contradiction signalée avec tant d'empressement (M. C., p. 34) et d'insistance (M. C., p. 37. Remarque) n'existe donc pas.

25. — MC. 29. — Système fixe et système équilibré.
— Sous le titre *Système fixe et système équilibré*, M. Anger
présente différentes objections et en tire cette conclusion :
(M. C., p. 37), « En raisonnant sur le système équilibré
de la fig. 14 (fig. 4) comme sur le système fixe de la fig. 13
(fig. 3), en n'établissant point que le contre-fléau n'est jamais
un levier ou que la charge P' n'exerce aucune action verticale
sur cette tige, notre collègue laisse, tout au moins, planer
un doute sur toute sa théorie, sa critique et ses laborieux
calculs. Comme M. Lucciardi, il a basé sa théorie sur une
conception problématique. »

1° Fixons le fléau AOA, à bras égaux, dans sa position
normale d'équilibre par exemple; dans le plan vertical de
ce fléau, faisons agir sur le point fixe A le système PMABC
dont l'action sur le point A est équivalente à celle d'une
force L d'intensité et de direction connues et, sur l'autre
extrémité A, du fléau, opposons à l'action du système
PMABC celle d'une force verticale P' telle que l'on ait par
rapport au point O du fléau M_0 P' = M_0 L ; nous disons

Fig. 4

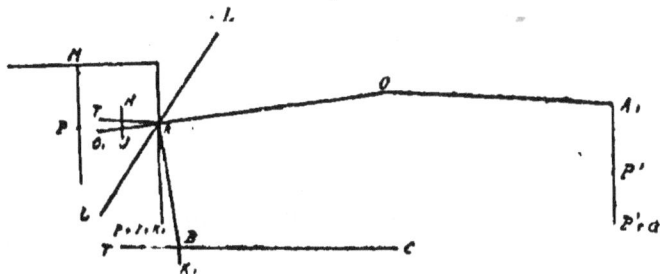

que, le fléau étant rendu libre, le système ainsi obtenu sera
en équilibre.

En effet, faisons agir sur le point A deux forces L et — L,
égales et directement opposées; l'action de ces forces ne
modifie ni l'état du système fixe ni celui du système mobile.
Or, l'action simultanée sur le point A du système PMABC

et de la force — L est nulle ; rendons la liberté au fléau, le fléau reste en équilibre sous l'action des forces L et P' qui sont dans le même plan et ont des moments égaux et de signes contraires par rapport au point O ; cet équilibre n'est pas détruit par le premier système dont l'action sur le point A est nulle. L'ensemble des deux systèmes reste donc en équilibre ; il y restera encore si nous supprimons les deux forces L et — L. Donc, les forces P et P' se font équilibre sur le système mobile. C. Q. F. D.

Nous avons donc pu sans rompre l'équilibre rendre mobile le point A primitivement fixé.

Nous n'avons point oublié, comme le dit M. Anger, que fixité ne signifie pas équilibre, puisque nous avons tenu compte de la direction et de l'intensité de la force qui agit sur le point fixe ; mais nous devons déclarer qu'en ce qui concerne la fixité d'un axe, M. Anger nous a révélé (M. C., p. 13) l'existence des *divers degrés de fixité de l'axe I* (axe du contre-fléau) *qui se présentent dans la réalité.*

2° **Position du système.** — Essayons encore d'enlever un doute à notre collègue. Dans le système que nous avons considéré, à vide et pour toute charge placée sur le plateau, le centre de gravité du système tend à faire tourner la jumelle AB dans le même sens autour de l'axe de suspension A et le contre-fléau BC sera toujours appuyé contre son axe fixe C (I. S. A., p. 19). Les longueurs et les directions des tiges ou côtés du quadrilatère seront les mêmes à vide et sous la charge pour une même position du bras de fléau, sans que la position de la charge P puisse modifier la longueur des côtés du quadrilatère et ait, par suite, une influence sur la direction des côtés de ce quadrilatère. Donc si, à vide et pour la position normale d'équilibre, les directions du bras de fléau et du contre-fléau sont parallèles, sous la charge P, placée en une position quelconque sur son plateau, le parallélisme du bras de fléau et du contre-fléau sera conservé ; les forces du couple seront détruites aux axes fixes, quelle que soit la longueur BC du contre-fléau, et les mêmes charges P et P' se feront équilibre, quelle que soit la position de la charge P sur son plateau.

3° Nous n'avons pas à établir, comme l'indique notre collègue, que le contre-fléau n'est jamais un levier ou que la charge n'exerce aucune action verticale sur cette tige ; il suffit de tenir compte de toutes les forces qui agissent sur le contre-fléau, forces directement appliquées et forces de réaction et de montrer comment elles s'y équilibrent ; il en est ainsi pour chaque tige.

26. — Equilibre des différentes parties du fléau à quadrilatère articulé. — Le système étant en équilibre, étudions séparément l'équilibre du contre-fléau, de la jumelle et du fléau.

1° **Equilibre du contre-fléau.** — L'équilibre en B résulte de l'action simultanée, sur ce point, de la jumelle et du contre-fléau. Aucune force n'agit à droite de l'axe C ; le poids du contre-fléau peut être décomposé en deux forces verticales : l'une, agissant sur l'axe C, est détruite par la fixité de cet axe; l'autre, que nous désignerons par K_1, agit sur le point B.

L'action de la jumelle sur ce point peut être décomposée en deux forces agissant : l'une S dans la direction BC, l'autre V suivant la verticale du point B. La force S est détruite par la réaction T du point fixe C, également dirigée suivant CB. De sorte qu'en B l'équilibre existe sous l'action des quatre forces S, V, T, K_1 ayant deux à deux la même direction ; les forces T et S s'annulent et la force V doit, par suite, être égale et directement opposée à la force K_1. On a $V = - K_1$.

REMARQUE. — Toute composante verticale de l'action de la jumelle sur le point B différente de $- K_1$ détruirait l'équilibre du contre-fléau et M. Anger ne peut faire agir sur le point B une force positive, représentant une partie quelconque de la charge. C'est, nous semble-t-il, voir les choses telles qu'elles sont dans la réalité que de considérer le contre-fléau comme soutenu par la jumelle.

Si nous considérons le poids du contre-fléau comme nul, la force K_1 est nulle ainsi que V, composante verticale de l'action de la jumelle.

2° Equilibre de la jumelle. — Soit — L la réaction du fléau sur la jumelle. Appliquons cette force au point A, et au point B, les forces T et K_1 ; les conditions d'équilibre de la jumelle sont celles d'un corps libre sous l'action des forces de réaction — L, T, K, et des forces directement appliquées : P agissant en M et J (poids de la jumelle, du croisillon et du plateau formant un corps solide) agissant au centre de gravité N de ce corps.

Toutes ces forces sont dans un même plan et, puisqu'il y a équilibre, la résultante générale est nulle et la somme algébrique du moment de toutes les forces par rapport à un point quelconque est nulle.

Prenons les moments par rapport au point A (Fig. 4) ; soient par rapport à ce point :

e le bras de levier de la force P
n celui de la force J
m celui de K_1
h le bras de levier de la force T.

La force — L due à la réaction du fléau passe par le point A et son moment est nul. On a donc :

$$P e + J n - K_1 m - T h = o$$

d'où

$$T = \frac{P e + J n - K_1 m}{h}$$

La résultante générale s'obtient en transportant toutes les forces parallèlement à elles-mêmes au point A où agit déjà la force — L.

On a :

$$- L + \text{résultante} (P + J + K_1, T) = 0 ;$$

d'où :

$$\text{résultante} (P + J + K_1, T) = L.$$

3° Equation d'équilibre du fléau à quadrilatère articulé. — Le centre de gravité du fléau étant supposé placé pour la position normale d'équilibre sur la verticale du point O, q représentant le poids du plateau de droite, P' le poids librement suspendu en A' et chaque bras de levier étant égal à $l \cos \alpha$, si l'on remplace la force L par ses composantes et si l'on désigne par δ l'angle O_1AT des directions du contre-fléau et du bras de fléau OA, on a pour l'équilibre du fléau l'équation suivante qui est l'équation d'équilibre du système, puisque le contre-fléau et la jumelle sont équilibrés :

$$(P + J + K_1) l \cos \alpha - T l \sin \delta = (P' + q) l \cos \alpha$$

A vide, on doit avoir :

$$(J + K_1) l \cos \alpha - \frac{J n - K_1 m}{h} l \sin \delta = q l \cos \alpha$$

d'où, en retranchant :

$$P l \cos \alpha - \frac{P e}{h} l \sin \delta = P' l \cos \alpha$$

et l'on a pour l'erreur de pesée ι :

$$\iota = P - P' = \frac{P e \sin \delta}{h \cos \alpha}$$

27. — Equation d'équilibre de la balance Roberval. — Soit une balance de Roberval en équilibre normal sous l'action des charges P et P' disposées de manière à entraîner le contre-fléau dans le même sens (Fig. 5).

Solidifions le fléau et les jumelles. Si l'on ne tient pas compte du frottement sur le chevalet, le poids du contre-fléau est réparti sur les deux jumelles conformément aux lois de la statique ; soient K_1 le poids supporté par la jumelle gauche et K_2 le poids supporté par la jumelle droite ; par suite de la réaction du chevalet, le point B de la jumelle gauche supporte, en outre, une force de direction CB et le point B_1 de la jumelle droite une force de direction $B_1 C$.

Les forces K_1 et K_2 étant connues, rendons la liberté au systèmo et puis solidifions le fléau, la jumelle droite et le contre-fléau.

Soient alors : — L la réaction du fléau sur la jumelle gauche, K, et T, les composantes de la réaction du contre-fléau,

> e, le bras de levier de P
> n, celui de J
> m, celui de K_1
> h, celui de T ;
> δ l'angle O_1AT

Fig. 5

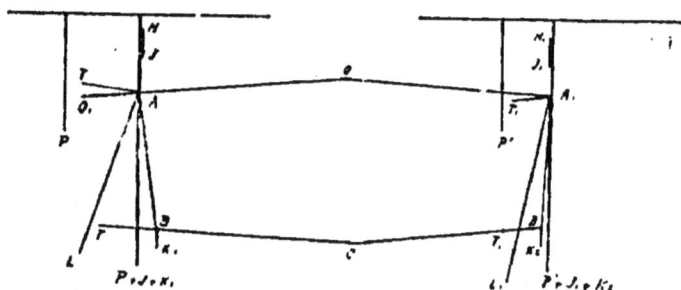

On a, en prenant A pour le centre des moments :

$$P e - J n - K_1 m - T h = o$$

d'où

$$T = \frac{P e - J n - K_1 m}{h}$$

Il vient :

$$- L + \text{résultante} (P + J + K_1, T) = o$$

d'où

$$L = \text{résultante} (P + J + K_1, T).$$

Rendons de nouveau la liberté au système, puis solidifions le fléau, la jumelle gauche et le contre-fléau. Soient alors :

— L_i, la réaction du fléau sur la jumelle droite

e_i, le bras de levier de la force P_i

n_i, le bras de levier de J_i

m_i, le bras de levier de K_i

h_i, le bras de levier de T_i

On a, en prenant A_i pour le centre des moments :

$$P_i e_i + J_i n_i + K_i m_i - T_i h_i = o$$

d'où

$$T_i = \frac{P_i e_i + J_i n_i + K_i m_i}{h_i}$$

La résultante L_i a pour composantes la force verticale $P_i + J_i + K_i$ et la force T_i de direction parallèle à $B_i C$. Soit δ, l'angle $OA_i T_i$ de T_i et du bras de fléau $A_i O$.

Le fléau ayant les dispositions indiquées précédemment, si l'on rend la liberté au système, le fléau est en équilibre sous l'action des forces L, T appliquées en A et L_i, T_i appliquées en A_i ; les jumelles et le fléau étant également en équilibre, l'équation d'équilibre du fléau sera l'équation d'équilibre de la balance Roberval.

On a :

$$(P+J+K_i)l\cos x - Tl\sin\delta = (P_i+J_i+K_i)l\cos x + T_i l\sin\delta_i$$

REMARQUES. — I. Le problème ne sera résolu que lorsque nous saurons déterminer pour chaque position du bras de fléau les quantités figurant dans la formule qui dépendent de cette position. C'est une question intéressante de géométrie.

II. — Si l'on tient compte du frottement de glissement du contre-fléau, la forme de l'équation d'équilibre reste la même ; K_i, K, représentent toujours les forces verticales agissant en B, B_i, mais ces forces seront différentes de celles précédemment obtenues et nous aurons à montrer comment elles peuvent être déterminées.

28. — MO. 29. — Concordance des trois méthodes.
— M. Anger prétend que les trois méthodes que nous avons
employées n'en font qu'une. Rappelons-les brièvement.

Dans la première méthode, une simple décomposition de
la force verticale suffit à déterminer la force unique qui,
dirigée sur le point A du système fixe ou équilibré, produit
sur ce point un effet équivalent à celui résultant, en vertu
des liaisons, de la force verticale excentrée P.

La deuxième méthode, peu différente de celle de Poinsot,
a pour résultat de remplacer la force excentrée P par une
force verticale égale appliquée en A et par un couple
actionnant la jumelle et à rendre ensuite les forces de ce
couple parallèles à la direction du contre-fléau.

La troisième méthode montre d'abord l'action de la
charge excentrée équilibrée par une force appliquée en B et
ayant la direction du contre-fléau ; ces deux forces transportées parallèlement à elles-mêmes au point A donnent
naissance à deux couples qui se détruisent et l'on obtient
comme dans la deuxième méthode, une force verticale
égale à P appliquée en A et une force parallèle à la direction
du contre-fléau.

Ces trois méthodes sont donc différentes, quoiqu'elles
conduisent à des résultats équivalents; la première méthode
surtout diffère complètement des deux autres.

29. — MO. 30. — Une expérience de M. Anger. —
Nous avons montré (I. S. A. n° 6) que l'excentration peut
être au moins égale à la longueur des jumelles. M. Anger
a expérimenté sur une balance à coussinets un peu arrondis
la règle que nous avons formulée. Elle a été confirmée,
dit-il, pour les charges de 2 kg. et au-dessous ; mais les
coussinets de la jumelle ont glissé à l'équilibre, avant tout
contact de son bourrelet avec le socle, sous les charges de
5 kg. et au dessus.

Etudions cette question avec des coussinets plans,
comme le désire notre collègue et rappelons une démonstration que l'on trouve dans les traités de Mécanique.

Soient BC le contre-fléau que nous considérerons comme une barre rigide s'appuyant sur le plan fixe C du chevalet ; F la force dirigée suivant BC. Cette force appliquée au point C peut se décomposer en deux : l'une N normale au plan du chevalet, l'autre T parallèle à ce plan. Soit f le coefficient de frottement ; le frottement exercé par le plan sur le contre-fléau a pour limite Ff et le glissement n'est possible que si T est supérieur à Ff.

Mais les forces T et N sont proportionnelles à la force F agissant sur le contre-fléau ; l'intensité de cette force peut varier sans que le rapport $\dfrac{T}{N}$ de ses composantes soit altéré ; si ce rapport est plus petit que f, ou si l'angle du contre-fléau avec la normale au plan du chevalet est plus petit que l'angle de frottement, le glissement est impossible, quelle que grande que soit la force F. Or F est proportionnel à la charge ; s'il n'y a pas eu glissement pour la charge de 2 kg., il ne doit pas y avoir, dans une expérience bien conduite, glissement pour les charges de 5 kg. et au-dessus.

30. — MC. 31. — Nous ne comprenons pas le rapport qui existe entre les faits cités (M. C. n° 31) et la critique de notre théorie.

31. — MC. 32. — Equation d'équilibre de la balance Roberval d'après M. Anger. — Après avoir reconnu que chaque extrémité du fléau et de la bielle peut supporter l'action simultanée d'une force verticale et d'une force latérale, M. Anger écrit d'abord l'équation d'équilibre du fléau par rapport à son axe fixe, puis l'équation d'équilibre de la bielle par rapport à l'axe fixe de la bielle (contre-fléau). Il additionne ensuite ces deux équations en réunissant dans le même membre de l'égalité les moments des forces situées d'un même côté du plan des axes fixes et la nouvelle équation ainsi obtenue est, d'après lui, l'équation d'équilibre de la balance Roberval. Cette équation est la suivante :

$$\text{M. } Fv \pm \text{M. } Fl + \text{M. } Bv \pm \text{M. } Bl$$
$$= \text{M. } F'v \pm \text{M. } F'l + \text{M. } B'v \pm \text{M. } B'l$$

Par l'addition des équations d'équilibre du fléau et de la bielle M. Anger supprime l'indépendance de ces leviers primitivement établie, et l'équation obtenue est l'équation d'équilibre d'un système invariable composé des deux fléaux réunis sur le même axe fixe, chaque bras de fléau formant avec l'horizontale le même angle que son correspondant dans le levier isolé. Fig. 6.

Fig. 6

L'équation d'équilibre de M. Anger n'exprime même pas l'équilibre d'un quadrilatère solide et invariable sollicité à ses quatre sommets par les huit forces en question et mobile autour d'un seul point fixe (P., p. 20) ; en prenant les moments par rapport à l'axe fixe C du fléau, par exemple, les moments M. Bl et M. B'l des forces latérales de la bielle devraient être considérés par rapport à ce point C et non par rapport au point fixe I de la bielle, comme dans l'équation d'équilibre de M. Anger.

L'équation obtenue en solidifiant le système suffit pour l'équilibre du solide géométrique, mais ne suffit pas pour l'équilibre du système articulé ; à plus forte raison, l'équation d'équilibre de M. Anger, qui ne tient aucun compte de la distance des axes fixes, est insuffisante.

32. — Une proposition inexacte. — Nous allons montrer maintenant que la proposition 30 de la Monographie, sur laquelle reposent tous les développements que M. Anger donne à sa formule d'équilibre, est inexacte. Il y est dit :

Si la jumelle est parallèle au plan C I des axes fixes, la somme des moments des actions verticales de sa charge est constante.

Supposons le système représenté par la fig. 7, dans laquelle les trois droites OT, CI, O'T' sont parallèles et les droites OC et TI concourantes.

Transportons d'abord la force P parallèlement à elle-même en un point d de la jumelle, puis en un autre point d' et, puisqu'il s'agit seulement de la somme des actions verticales, négligeons, comme l'a fait M. Anger, le couple résultant de chaque translation.

La force P appliquée en d peut se décomposer en deux forces : P_1 appliquée en O et P_2 appliquée en T ; on a $P_1 + P_2 = P$.

La force P appliquée en d' peut se décomposer en deux forces : P_1' appliquée en O et P_2' appliquée en T ; on a : $P_1' + P_2' = P$.

Fig. 7

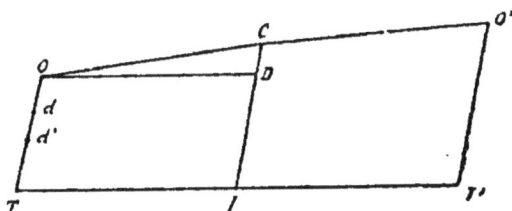

Le bras de levier des forces verticales agissant en O est égal à la projection orthogonale de OC sur une horizontale contenue dans le plan d'oscillation ; le bras de levier des forces verticales agissant en T est égal à la projection de TI sur cette horizontale. Menons par le point O une parallèle à TI et soit D le point où cette parallèle coupe CI.

On a :

Projection OC = projection OD + projection DC

et

Proj. TI = proj. OD

D'où, en désignant par M la somme des moments des forces P_1, P_2

$$M = P_1 (\text{proj. OD} + \text{proj. DC}) + P_2 \text{ proj. TI}$$
$$M = (P_1 + P_2) \text{ proj. OD} + P_1 \text{ proj. DC}$$
$$(1) \quad M = P \text{ proj. OD} + P_1 \text{ proj. DC}$$

et en désignant par M' la somme des moments des forces P_i', P_i'

$$M' = P_i' \text{ (proj. OD + proj. DC)} + P_i' \text{ proj. TI}$$

ou

$$(2)\quad M' = P \text{ proj. OD} + P_i' \text{ proj. DC}$$

On a donc

$$M - M' = (P_i - P_i') \text{ proj. DC}$$

La projection de DC n'étant pas nulle et P_i' n'étant pas égal à P_i, les équations (1) et (2) ne sont pas égales ; donc la somme des moment des actions verticales des charges n'est pas constante.

REMARQUES I. — Il faut pour que la somme des moments des actions verticales soit constante, la jumelle étant parallèle au plan CI, que la projection DC soit nulle. Cette projection est nulle :

Si DC est nul, c'est le cas du parallélogramme ;

Si DC est vertical, CI est alors vertical, ainsi que la direction de la jumelle.

II. — Ces deux conditions sont remplies à la fois dans le système considéré par Poinsot. M. Anger est seul à commettre l'erreur ; il n'a pas le plaisir d'errer avec Poinsot (M. C. p. 38).

Les deux conditions sont remplies aussi dans le système considéré au n° 253 du *Traité de mécanique* par Edouard Collignon, statique, 2e édition, 1881 ; l'auteur substitue, comme Poinsot, à la force verticale P agissant sur le plateau, une force de même sens P, égale et parallèle agissant en un point quelconque de la jumelle et un couple (P, — P) ; en outre, il considère séparément l'équilibre des quatre côtés du parallélogramme, en remplaçant les articulations par les forces équivalentes.

M. Anger emploie également la méthode de Poinsot et engage M. Lucciardi, ainsi qu'il est rapporté, (Pol. p. 16) « à étudier la Roberval en considérant séparément l'équilibre de ses quatre leviers ».

Cette concordance est assez frappante pour que l'on se demande quelle est l'idée nouvelle émise par la *Monographie* et signalée dans la préface de la *Monographie devant la Critique.*

33. — MC. 33. 34. — Orientation du couple dans son plan. — Nous n'avons jamais reconnu, comme le dit M. Anger (M. C., p. 41) que l'orientation des couples est indifférente, pour son équation d'équilibre, si OT est parallèle à CI. (Voir ISA., p. 165).

Notre collègue essaie ensuite de justifier son équation d'équilibre par l'argument suivant (MC., p. 42) :

« Puisque ces moments (moments des forces latérales) varient avec l'orientation des couples, les deux autres termes, M. Fv et M. Bv, ou l'un d'eux, *doivent varier en même temps et en sens inverse et compenser la différence* (M., p. 10, remarque), sinon l'équilibre serait rompu et le théorème de la translation du couple serait inexact. »

Il ne s'agit pas de la translation du couple, mais de la transformation du couple en un couple équivalent ; cette transformation est toujours possible et la seule déduction logique est que les équations d'équilibre données par M. Anger sont fausses, s'il n'est pas démontré que, les moments des forces latérales variant avec l'orientation des couples, les deux autres termes M. Fv et M. Bv, ou l'un d'eux, varient en même temps et en sens inverse.

M. Anger nous renvoie pour cela à la page 10 de la Monographie (Remarque) ; mais si le lecteur se reporte à la remarque indiquée, il ne trouve aucune démonstration de ce qui est affirmé.

Le deuxième argument de M. Anger ne prouve absolument rien, car si l'équilibre existe en considérant les forces du couple orientées suivant la direction du contre-fléau, notre collègue peut reprendre sa démonstration et montrer encore qu'aucune force ne peut, sans rompre l'équilibre, remplacer la force que nous avons primitivement considérée.

Si l'on oriente le couple suivant la direction du bras de

fléau, le défaut d'équilibre est constaté sur le contre-fléau
et on ne voit pas immédiatement la relation qui existe avec
l'erreur de pesée ; si l'orientation du couple est faite suivant
la direction du contre-fléau, la force de tirage qui détermine l'erreur est directement appliquée au point A du
bras de fléau et il devient facile d'en tirer les conséquences
pratiques relatives au réglage de la jumelle et du contre-
fléau, l'erreur devant être forcément attribuée à la jumelle
et au contre-fléau si l'on s'est préalablement assuré de
l'exactitude du fléau.

Si nous avons dit que l'orientation des forces du couple
doit être faite suivant la direction du contre-fléau, ce n'est
donc, ni pour les besoins de notre thèse, ni pour permettre
de regarder le contre-fléau comme une tringle qui n'a rien
du levier, comme le dit notre collègue.

**34. — MO. 9. — Considération de la bielle (contre-
fléau) comme un levier.** — La considération de la bielle
comme un levier est l'idée favorite de M. Anger ; dans sa
préface, il annonce qu'il établira que dans toute Robervale
régulière, la bielle (contre-fléau) fonctionne toujours comme

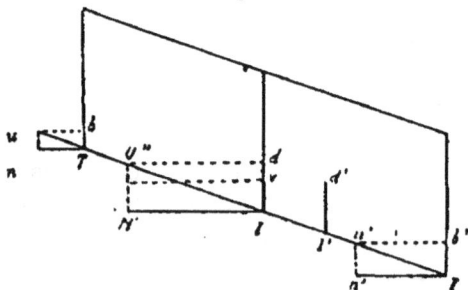

Fig. 8

un levier. Le chapitre II (M. C) est en partie consacré à
cette démonstration.

Il y est dit (p. 10) : « la pression normale des jumelles
sur la bielle est figurée en T' par T'n' et en T par Tn. Mais
la figure montre (fig. 8) que la résultante Iu' des forces
latérales Tu, T'u' exerce en I une pression normale IN qui

est précisément égale à la somme $T'n' + Tn$ des pressions en T, T'. Remarquons aussi que la force Id est égale à $Tb + T'b'$. Donc si on admet que le frottement aux articulations T, T' suffit pour fixer les points T, T' de la bielle sur les jumelles et permettre ainsi aux forces Tb, $T'b'$ d'actionner le fléau, il faut admettre aussi que le frottement en I suffit pour annuler Id et, dès lors, la bielle est un levier ordinaire car Id est la résultante de Tb et $T'b'$. »

Nous devons dire à notre collègue qu'étant, admises toutes ses considérations, il n'a pas démontré que la bielle est un levier ordinaire, car Id n'est pas la résultante de Tb et de $T'b'$.

La résultante des forces parallèles Tb, $T'b'$ est bien une force égale à Id, mais son point d'application I' doit être tel que l'on ait

$$\frac{Tb}{T'b'} = \frac{T'I'}{TI'} \quad \text{d'où} \quad \frac{Tb + T'b'}{Tb} = \frac{TT'}{T'I'};$$

or, les forces parallèles Tb, $T'b'$ peuvent être dans un rapport quelconque ; le point d'application I' de leur résultante est donc variable, tandis que le point I est fixe sur le contre-fléau : ce point I n'est donc pas, en général, le point d'application de la résultante des forces parallèles Tb et $T'b'$.

Nous pouvons prendre, par exemple, $\frac{Tb}{T'b'} = \frac{1}{2}$ il vient

$$\frac{Tb + T'b'}{Tb} = \frac{3}{1}$$

Mais on a également

$$\frac{Tb + T'b'}{Tb} = \frac{TT'}{T'I'} \quad \text{donc} \quad \frac{TT'}{T'I'} = \frac{3}{1} \quad \text{et } TI' = \frac{TT'}{3}$$

Le point d'application I' de la résultante est, dans ce cas, entre les points T, T' à une distance de l'extrémité T' égale au tiers de la longueur de la bielle (contre-fléau).

M. Anger voudra bien reconnaître qu'il n'a pas établi l'égalité des moments des forces par rapport au point I.

Il n'a donc pas démontré que la bielle fonctionne comme un levier.

85. — MC. 85. — Une traduction fantaisiste. — Nous avons écrit (I. S. A., p. 167) : « Ayant primitivement choisi la direction perpendiculaire à la tige OT, M. Anger a reconnu facilement son erreur après avoir constaté que si cette manière de voir était exacte la balance ne pourrait osciller. L'auteur de la Monographie adopte alors une force parallèle au bras de fléau. En écrivant, sans démonstration, l'égalité entre le moment de cette force par rapport à l'axe I et le moment, par rapport à l'axe d'oscillation C, d'une force parallèle au contre-fléau appliquée en O, il substitue l'un à l'autre deux moments de même sens et la différence entre ces moments est assez faible pour que, malgré l'erreur commise, le fonctionnement de l'appareil puisse être expliqué. Le praticien est satisfait et c'est ainsi que M. Anger est conduit à exposer sa théorie basée, non sur des conceptions plus ou moins problématiques, mais sur des données expérimentales.

Nous avons montré que cette théorie est inexacte ; elle manque également de généralité ; presque toujours ce sont des dispositions spéciales qui sont étudiées. »

M. Anger traduit ainsi : (MC., p. 44) « Appréciant la Monographie dans son ensemble, il veut bien reconnaître que *l'erreur commise est assez faible pour que le fonctionnement de l'appareil puisse être expliqué. Le praticien est satisfait...* » Mais cela n'empêche pas, paraît-il, que notre théorie soit inexacte ; « *elle manque également de généralité, dit-il ; presque toujours ce sont des dispositions spéciales qui sont étudiées.* »

Cette traduction est quelque peu fantaisiste ; comme elle est loin de reproduire notre pensée, elle va nous obliger à donner plus explicitement notre appréciation sur la partie théorique de l'œuvre de notre collègue ; nous ne le ferons toutefois qu'après avoir justifié nos critiques.

M. Anger ajoute que « satisfaire le praticien », a été tout son but. Nous avons toujours cru qu'il était possible de satisfaire à la fois le théoricien et le praticien : la théorie, exposée tout d'abord, devant ensuite cadrer avec les résultats expérimentaux.

Après avoir montré les avantages du fléau à parallélogramme articulé nous avons dû, afin de mieux satisfaire à la réalité, considérer un quadilatère articulé se rapprochant assez sensiblement du parallélogramme ; mais nous n'avons pas eu à nous appuyer sur ces dispositions pour établir notre théorie, tandis que M. Anger a dû se servir de dispositions spéciales pour édifier la sienne, en s'appuyant du reste, comme nous l'avons démontré, sur une équation d'équilibre insuffisante et sur une proposition inexacte.

36. — MC. 36. 38. — Formule de sin a. — Valeur de l'angle formé par les directions du bras de fléau et du contre-fléau. — Pour établir cette formule, M. Anger additionne, comme dans les équations d'équilibre, les moments des forces par rapport aux axes fixes du fléau et du contre-fléau, ce qui est une première cause d'erreur, ainsi que nous l'avons montré. Son équation (5) est :

$$(5)\ (M)\qquad \sin a = \frac{P\,\dfrac{e}{T}\,l'\,\dfrac{\sin x}{\sin m} - \left(\dfrac{\pi d}{2} + \dfrac{\pi d'}{2}\,\dfrac{\sin m'}{\sin m}\right)}{(P + q)\,l}$$

M. Anger n'indique point tout d'abord comment peuvent être obtenues les quantités m' (angle de la bielle inclinée avec sa position normale) et x (angle de la force latérale avec la bielle) mais il essaie de réparer cet oubli dans la discussion de sa formule, où il est conduit à déterminer la valeur de x ; celle de m' pourra en être déduite puisque l'on a $x = m' - m$.

La formule de M. Anger donnant la valeur de x est erronée. En effet, la position d'équilibre normal, correspond par hypothèse au parallélisme du bras de fléau et de son contre-fléau ; on a alors pour les rotations instantanées

$$\frac{\text{vitesse angulaire du contre-fléau}}{\text{vitesse angulaire du fléau}} = \frac{l}{l'}$$

Pendant la rotation continue du bras de fléau de O à m, si à un instant quelconque nous désignons la rotation instantanée du bras de fléau par dm_i et celle du contre-fléau par dm'_i le rapport $\dfrac{dm'_i}{dm_i}$ est différent du rapport $\dfrac{l}{l'}$ et varie constamment dans le même sens ; on a donc pour les sommes m et m' de ces rotations instantanées successives :

$$\frac{m'}{m} \text{ plus grand ou plus petit que } \frac{l}{l'}$$

M. Anger a montré lui-même que dans le cas considéré (C., p. 16) le rapport des angles décrits par la bielle et le fléau est plus grand que celui de leurs vitesses angulaires à l'origine du mouvement.

Notre collègue doit donc comprendre qu'il commet une erreur en écrivant :

$$\frac{m}{m'} = \frac{'}{l} \quad \text{d'où} \quad \frac{m'}{m} = \frac{l}{l'}$$

Cette erreur persiste lorsqu'il transforme cette égalité en posant $l' = l - J$; ce qui donne

$$\frac{m'}{m} = \frac{l}{l - J} ;$$

d'où

$$\frac{m' - m}{m} = \frac{J}{l - J}$$

et

$$x = \frac{m J}{l - J}$$

Cette valeur de x est donc erronée ; on peut remarquer qu'elle ne dépendrait ni de la longueur de la jumelle ni de la distance des centres d'oscillation. La grandeur x joue un rôle des plus importants dans la théorie de la balance Roberval; la valeur de x donnée par la formule de M. Anger étant inexacte ajoute une nouvelle cause d'erreur au

formules où figure cet angle et ce sont ces formules qui,
d'après notre collègue, vont faire connaître le meilleur
réglage des jumelles et de la bielle.

**37. — MO. 86. 88. — Interprétation des nota-
tions dans la formule de sensibilité.** — M. Anger a
d'abord obtenu, pour des charges placées au centre des
plateaux sa formule (7).

$$(7) \, (M) \quad \mathrm{tg.} \, A = \frac{pl \cos a}{l \, \{2 \, (P+q) + p\} \sin a + \pi d + \pi' d'}$$

La formule (8) (M) :

$$\mathrm{tg.} \, A = \frac{pl \cos a}{l \, \{2(P+q)+p\} \left[\dfrac{2 \, P \, \dfrac{c}{T} \, l' \, \dfrac{\sin \varkappa}{\sin m} - \left(\pi d + \pi' d \, \dfrac{\sin m}{\sin m'} \right)}{2 \, (P+q) \, l} \right] + \pi d + \pi' d'}$$

n'est autre que la formule (7) dans laquelle sin a a été
remplacé par sa valeur tirée de la formule (5). Ne doit-on
pas croire alors, puisque l'angle a déterminé par les conditions d'oscillation est conservé sous la forme de cos a,
que dans le terme du crochet, les quantités sin m', sin $\varkappa$
dépendent de l'angle A ?

Du reste si M. Anger veut bien se reporter au n° 41 de
sa Monographie, où il détermine la formule (5), il verra qu'il
appelle (M., p. 21) :

    m l'angle du fléau incliné avec sa position normale ;

    m' l'angle analogue de la bielle (contre-fléau) ;

    $\varkappa$ et β les angles des forces latérales avec la bielle :

de plus il nous dit (C., p. 19) que les formules (5) et (8)
permettent de voir comment varient l'oscillation et la sensibilité dans les divers cas qui peuvent se présenter et comment on peut donner à la Robervale toute la sensibilité
qu'elle comporte.

    Nous avons écrit (I. S. A., p. 123). « La course que nous
avons déterminée par l'inclinaison ω n'entre comme facteur

que dans le calcul de l'angle α (angle du bras de fléau avec l'horizontale dans la position d'équilibre normal), susceptible de rendre le système oscillant sous la charge maximum à son maximum de distance au plan vertical passant par son axe de suspension ; le fléau construit, elle ne joue aucun rôle dans la sensibilité ; elle limite seulement l'amplitude de l'oscillation. »

M. Anger ne cite que la fin de la phrase ; cette coupure savante opérée, il intervertit ensuite l'ordre que nous avons suivi (nous avons d'abord étudié l'oscillation, puis la sensibilité) et s'empresse de dire que nous avons commis une erreur et un illogisme...

Plus loin, au n° 38, il essaie encore de créer une confusion. Dans la formule d'oscillation, nous avons appelé

ω la course maximum du fléau,

θ la course correspondante du contre-fléau,

et posé δ' = ω — θ ;

θ dépend de l'angle ω + α, considéré comme paramètre.

Dans la formule de sensibilité, pour indiquer qu'il ne s'agit plus de cette course maximum, nous avons appelé φ, l'angle dont s'est incliné le fléau et, comme précédemment, θ, la course correspondante du contre-fléau, qui dépend alors de l'angle φ + α, considéré comme paramètre.

Que fait M. Anger ? Il donne à θ la même valeur dans les deux formules et dit qu'il y a confusion de φ avec ω, confusion que nous avons évitée par notre notation spéciale.

88. — MC. 38. — Formule de sensibilité de M. Anger.

— Pour déterminer la sensibilité lorsque les charges sont placées au centre de chaque plateau, l'on ne peut pas en général, comme le fait M. Anger, réduire l'appareil à son seul fléau augmenté d'une masse de poids π' (poids du contre-fléau) dont le centre de gravité soit situé par rapport à l'axe du fléau, comme il l'est par rapport à l'axe central du contre-fléau. Il faut pour cela que le fléau et le contre-fléau restent parallèles pendant le mouvement et, par suite, comme le reconnaît lui-même M. Anger, dans sa réponse à M. Lucciardi qui lui signale l'erreur commise, que la balance se compose de deux parallélogrammes.

Ce n'est point la sensibilité de cette balance que M. Anger a voulu étudier.

Dans la formule (7) obtenue pour des charges placées au centre des plateaux, M. Anger remplace sin a par sa valeur tirée de l'équation (5) et obtient ainsi sa formule (8) reproduite (p. 59).

Dans cette formule, d'après les explications données par M. Anger (MC., p. 24), nous trouvons au dénominateur :

Un premier terme $2 (P + q) + p$, où P représente une charge quelconque placée au centre du plateau ; puis, dans le crochet, une expression où P représente la charge qui donne le couple maximum.

Doit-on accepter une formule dans laquelle la même lettre représente des quantités différentes ?

Les angles indiqués dans le terme entre crochets sont fixes, dit M. Anger. Où sont alors les angles variables a, m', se rapportant à l'angle de sensibilité A, que M. Anger veut déterminer ; et, comme l'a déjà dit M. Lucciardi (N., p. 120) que vient faire l'excentricité e dans une formule obtenue avec les charges au centre des plateaux ?

Nous avons montré comment on peut obtenir la formule de sensibilité de la balance Roberval sous l'action des charges excentrées. M. Anger paraît ne pas comprendre et prétend qu'il n'y a pas de formule générale de sensibilité pour cette balance, mais que celle de la Monographie peut en tenir lieu ; et c'est sa formule (8), où se trouvent accumulées toutes les erreurs que nous avons signalées, qu'il n'hésite pas à présenter au lecteur.

M. Anger va même trouver encore un argument pour essayer de montrer que sa formule a une valeur pratique bien supérieure à la nôtre. Quelles que soient les erreurs indiquées, les formules de M. Anger ont toujours, d'après lui, une valeur pratique supérieure à toutes les autres. Les formules (7) et (8) de la Monographie ayant été obtenues pour les charges placées au centre des plateaux, il dit (MC., p. 47) :

« Mais nos formules ne s'appliquent pas rigoureusement quand les charges sont excentrées sur la ligne des centres des plateaux ; elles indiquent une sensibilité trop faible pour ce cas, ainsi que le montre le terme négatif de la formule de M. Bonneau, et que nous l'avons dit (M., p. 33) au sujet des charges excentrées en XX ou ZZ. Toutefois, si on remarque que la formule de ce collègue ne tient pas compte des frottements de la bielle, laquelle nous dit-il (p. 98) offre au centre *et* à ses extrémités une résistance à l'oscillation (et par conséquent à la sensibilité) *dont l'étouffement est fort grand,* on reconnaîtra que cette formule générale indique une sensibilité que ne peut atteindre la balance et que, à tout prendre, la formule de la Monogragraphie ne s'écarte guère de la vérité pratique pour les diverses positions des charges et qu'elle peut tenir lieu de formule générale. Il arrive donc que c'est la nôtre et non celle de M. Bonneau qui peut faire connaître les conditions de sensibilité et que sa critique ne l'atteint pas et se retourne contre la sienne. »

Sans discuter autrement ce qui précède, nous ferons cette simple réponse : le terme en T qui représente précisément les modifications apportées par les forces excentrées, peut être positif ou négatif (voir ISA., nº 50). Le raisonnement de M. Anger appliqué à une valeur positive de T montrerait alors que sa formule de sensibilité s'éloigne davantage de ce qu'il appelle la vérité pratique.

89. — MC. 28. — Observation des faits. — M. Anger

s'est empressé de dire au début de sa critique que nous n'avions pas tenu compte de tous les faits qui intéressent la question de la Roberval et que nous n'avions pas vu les choses telles qu'elles sont dans la réalité.

Nous avons déjà dit (p. 31) que nous ne pensions point avoir épuisé la question. D'autre part, nous avons pu ne pas attribuer la même importance que M. Anger à certaines questions traitées dans la Monographie, à la confection d'une table des moments, par exemple, facilement calculable, du reste, par nos formules. Pour se passer de ces tables destinées surtout à la vérification première, il suffit d'employer deux disques plats identiques sur lesquels l'on pourra poser les charges à l'intérieur du polygone de sustentation. Les instruments neufs pourront ainsi être vérifiés sous une excentration des charges que l'on ne devra pas craindre de voir dépasser lors d'une pesée, quelle que soit la dimension des plateaux mobiles employés. Le réglage des jumelles et du contre-fléau sera facilité par l'usage de ces disques et pourra être rendu aussi uniforme que possible.

M. Anger n'a jamais montré qu'une observation inexacte des faits ait pu fausser notre théorie; nous allons indiquer nous-même la réserve qui doit être faite au sujet de la répartition du poids du contre-fléau, mais notre collègue n'a pu faire allusion à ce cas, d'après ce qu'il veut bien écrire. (C., p. 7).

Répartition du poids du contre-fléau. — Sans qu'il en résulte une différence sensible avec les résultats expérimentaux (nous verrons pourquoi dans le cours de notre étude), notre théorie et celles de MM. Lucciardi et Anger ne concordent pas, en ce qui concerne la répartition du poids du contre-fléau, avec la réalité des faits. Par suite des forces de frottement provenant principalement des charges excentrées, le contre-fléau est soutenu par trois appuis et il faut renoncer à connaître, par les seules règles de la statique, la répartition de son poids sur le chevalet et sur chaque jumelle. On doit avoir recours pour cela à la théorie de la *Résistance des matériaux*, ce que nous avons voulu éviter dans une première étude afin de ne pas compliquer encore la question.

Toute théorie de la balance Roberval, basée uniquement sur les principes ordinaires de la statique expose à une erreur importante sur la répartition du poids du contre-fléau. Il y a erreur commise si l'on considère le poids du contre-fléau comme supporté en entier sur le chevalet ; il y a encore erreur en disant que le poids du contre-fléau est supporté, soit par le chevalet et une jumelle, soit par les deux jumelles.

Mais, tandis que M. Lucciardi prétend avoir épuisé le sujet (N., p. 6) et que M. Anger croit avoir montré que la Monographie résout enfin le problème de la Robervale (MC., p. 47), nous ne cessons de croire que le champ d'investigations est toujours ouvert et qu'il est nécessaire de continuer notre étude et de montrer plus explicitement le rôle si important du frottement de glissement dans le fonctionnement de la balance de Roberval.

Cette étude nous permettra de donner, quant à la répartition du poids du contre-fléau, une théorie plus précise et de démontrer que la position du système est toujours déterminée par celle du fléau. Ce sera, sur ce dernier point, notre réponse à M. Lucciardi qui conclut à l'indétermination du problème (Pol. nos 20 et 62-2°) et à M. Anger qui nie cette indétermination, sans dire comment peuvent être connues la position du système et, en particulier, la valeur de l'angle décrit par le contre-fléau pour une course constante du fléau.

40. — MO. 89. Conclusion. — Dans sa conclusion, M. Anger voudrait laisser croire que nous n'avons pu étudier la balance Roberval sans nous inspirer de la Monographie dont nous avons connu le manuscrit bien avant sa publication. Nous avions également lu d'autres auteurs dont les théories ont été reproduites dans notre ouvrage ; nous venons de citer, en outre (p. 52), un traité de mécanique exposant une méthode particulière. Nous laissons à tous le mérite de leur antériorité ; mais le lecteur reconnaîtra certainement que chacune de nos théories diffère sur plusieurs points de celles déjà publiées.

M. Anger a pu répondre à toutes nos objections sur la théorie qu'il a exposée dans sa *Monographie*, il n'en a réfuté aucune. A celles que nous avons présentées dans notre première critique et qui n'ont pas paru suffisantes à notre collègue, nous avons dû en ajouter quelques autres, que l'on ne jugera pas sans importance. Le nombre en sera-t-il assez grand pour faire comprendre à M. Anger que, loin de résoudre enfin le problème de la Robervale (MC., p. 47), sa théorie est fausse, pour les raisons que nous avons indiquées, et à refaire complètement, qu'il s'agisse de l'équilibre, de l'oscillation ou de la sensibilité ?

TABLE DES MATIÈRES

TABLE DES MATIÈRES

ERRATA

Page 27, ligne 17, après arrêt, ajouter : sans que l'on puisse calculer ce déplacement.